做内心强大的女人

卡耐基给女人的能量法则与幸福忠告

〔美〕 戴尔·卡耐基／著

宿春君／编译

华龄出版社
HUALING PRESS

责任编辑：程　扬
责任印制：李未圻
封面设计：娇　子

图书在版编目（CIP）数据

做内心强大的女人：卡耐基给女人的能量法则与幸
福忠告 /（美）戴尔·卡耐基著；宿春君编译. ――北京：
华龄出版社，2017.5
ISBN 978-7-5169-0976-8

Ⅰ.①做… Ⅱ.①戴… ②宿… Ⅲ.①女性 – 成功心
理 – 通俗读物 Ⅳ.①B848.4-49

中国版本图书馆CIP数据核字（2017）第107981号

书　　名：做内心强大的女人：卡耐基给女人的能量法则与幸福忠告
作　　者：〔美〕戴尔·卡耐基著　宿春君编译

出 版 人：胡福君
出版发行：华龄出版社
地　　址：北京市东城区安定门外大街甲57号　　邮编：100011
电　　话：58122254　　　　　　　　　　　　传真：58122264
网　　址：http://www.hualingpress.com

印　　刷：三河市东兴印刷有限公司
版　　次：2018年10月第1版　　2019年6月第2次印刷
开　　本：880×1230　1/32　　印　张：8
字　　数：148千字
定　　价：36.00元

（如出现印装质量问题，调换联系电话：010-82865588）

前　言

戴尔·卡耐基，1888年11月24日出生于美国密苏里州，被誉为20世纪最伟大的励志学、成功学大师，被尊称为"美国现代成人教育之父"。他的著作被译成几十种语言，他也因而被誉为"人类出版史上第二大畅销书作家"，其著作销量仅次于《圣经》。美国《时代周刊》曾这样评价他："或许，除了自由女神，他，就是美国的象征！"

相较于男人，女性并非更加脆弱，而是更加敏感。她们对世界、苦难、快乐有着不一样的触角和视野。卡耐基先生作为一位著名的精神导师，提供了众多的理论、故事来阐述女性自强的必要和方法。

这是最好的时代，也是最坏的时代。

它给予女性更多的权利、成就、选择……同样，也让女性承受相应的责任、磨难、烦恼……作为女性，我们有比以往任何时代都旺盛的自信、创造力和发展空间，同时，也要拥抱这个时代给予我们的更为沉重的撞击。

一位女性，一位要承受来自家庭、事业、婚姻、情绪等各方面压力的女性，她并不会比一位男性经历得更少。在更新快速、人心浮躁的时代，女性需要拿起抗击伤害的盾牌和锻造能量的工具——既要保持内心的平静清爽，又要抵抗各种挫折困难的攻击；既要挖掘自己的内在能量，又要掌控自我的生存管理；既要微笑面对这个世界，又要点燃心中温暖的火焰；既要维护独立的人格魅力，又要塑造一个高品质女性的修养。

从内而外，打造一个全新的自我。

从内而外，塑造一个更有质感的女性。

从内而外，强化自己屹立于世界的舞台。

本书是卡耐基先生给予女性最好的故事书，也是他给予女性最好的励志书。只有不断磨炼自己更宁静的气场、更坚强的心理、更具创造性的视野，才能成就一个真正内心强大的女人。

女士们，你们需要锻造自己。

目 录

第一章

淡定，是女人最好的气质

你不伤害自己，伤害根本不算什么……002

跟信任的人谈论你的问题……005

忧虑是女人容貌最大的克星……010

过重的负担杀死熊……015

抱怨是在消灭自己的能量……019

"根据平均率，这种事情不会发生"……023

你犯错了，但我曾比你更傻……026

宽恕并忘却敌人……027

第二章

逆商：有人拒绝坚强，有人永不受伤

冰冷的北极风造就了因纽特人……032

不要让你的精神成了软骨头……036

不理会那些不公正的批评……039

女士，你当思考后再行动……041

卡瑞尔的奇妙公式……043

恐惧使人枯萎和贫血……046

不指望别人的感恩……050

问自己十个问题，每天都是新的……055

没有人会踢一只死狗……057

第三章

气场女人：你远比想象的更强大

力量来自哪里……062

做命运的女王……065

创造力，是女性魅力的源泉……068

信心是所有"奇迹"的基础……072

勇气是可以培养的……078

承认自己的错误……081

20世纪最流行的疾病是孤独……087

打破乏味的生活方式……090

孕育可敬的野心……092

第四章

意志力的自控能量

女性：做一个理性天使……096

刻意地使心灵空白……098

在感到疲倦以前就休息……100

区分什么需要在意，什么需要放下……104

从假装快乐变成很快乐……108

能够做喜欢之事的人都是幸运的家伙……109

把要做的事列成表……111

剪掉意念里的枝枝蔓蔓……114

第五章

正能量——理性乐观派

积极思想的力量……118

幸福从哪儿来……119

成为一个有活力的健康女人……123

做有梦想的王妃……128

太阳下山时，每个灵魂都会再度诞生……132

不理会那些小事......135

别乐于做个失败者......138

平衡内心的十条准则......140

梦想缺失，人生如同梦游......142

第六章

世界冷酷，你要温暖

了解并喜欢你自己......146

"我只有一只眼睛"......150

一颗质朴、纯净的心......152

让每分钟都充满简单的美......155

用灿烂的笑影响周围的人......159

给予彼此真诚的欣赏......163

学着体谅面子，学着减少对别人的伤害......167

培育成熟之爱......171

拥抱着面对一切......178

第七章

你好啊，独立思考

亲爱的，你要保持本色......182

正视生命中应负的责任......186

理性女性：超越愤怒......190

不只是一个家庭主妇......193

学会自我安慰和鼓励......198

把目标变成"沙盘演练"......201

从做愚人开始......206

钱不是用来烦恼的......210

第八章

一个女人的自我修养

任何年龄都是最好的......220

爱的喜悦远胜过胜利的滋味......222

妻子的艺术......223

气质是女人最强大的气场......227

做一个举止优雅的女人……230

永远不变的温柔……233

学习是一种生存方式……237

和书籍做闺密……239

动听的声音让你更受欢迎……242

第一章

淡定，是女人最好的气质

女人的诚实出自她对名声的珍惜，和对内心宁静的渴求。

——拉罗什富科

你不伤害自己，伤害根本不算什么

很多年以前的一个晚上，一个邻居来按我的门铃，要我和家人去种牛痘，预防天花。他是整个纽约市去按门铃的几千名志愿者之一。很多吓坏了的人都排了好几个小时的队以接种牛痘。在所有医院、消防队、警察局和大工厂里都设有接种站，大约有2000名医生和护士夜以继日地替大家种痘。怎么会这么热闹呢？因为纽约市有8个人得了天花——其中，2人死了——800万纽约市民中死了2人。

我在纽约市已经住了37年，可是还没有一个人来按我的门铃，并警告我预防精神上的忧郁症——这种病症，在过去37年里所造成的损害，至少比天花要大1000倍。

从没有人来按门铃警告我：目前生活在这个世界上的人中，每10个人就有1个会精神崩溃，而大部分都是由忧虑和感情冲突引起。所以我现在写下这些文字，女士们，你们就要知道，我这就等于来按你的门铃，向你发出警告。

当你恐惧于细菌、病毒带来的可怕疾病时，我希望你留意另一种更为可怕的疾病——由情绪上的忧虑、恐惧、憎恨、怒火、烦躁、绝望所引起的身体病症。这种情绪性疾病所引起的灾难正日渐增加，日渐广泛，速度快得惊人。

有的女士会问我，这些情绪是精神上的问题，怎么会引起身体上的病症呢？当然会了。那些容易紧张的人得胃病的概率更高，习惯发怒的人更容易患上心脏病，这些几乎已成为医学常识。事实上，我有一个朋友最近得了严重的心脏病，医生命她卧床休养，交代她不论发生任何情况都不得动怒。医生们都了解，如果心脏衰弱，任何一点愤怒都会要人的命。

身体和精神紧密相连。当你忧虑、紧张、恐惧时，你就很容易患上神经性的消化不良，或者胃溃疡、心脏病、失眠症、头痛症和麻痹症，等等。这些病都是真病，我这些话不是乱说，因为我自己就得过12年的胃溃疡。恐惧使我忧虑，忧虑使我紧张，并影响到了我的胃部神经，使胃里的胃液由正常变为不正常，因此结果就是：我得了胃溃疡。现在我的病好了，感谢医生的尽心尽力，但我知道，最根本的原因是我的精神状态变好了。

因此，当我劝你对自己好一点时，我是从身心健康的角度出发。能够平静、理智地解决遇到的各种问题，这对女士的健康非常有好处。假如你不伤害自己，来自这个世界的伤害根本不算什么，不是吗？

或许，当你接受了这个事实之后，又会向我诉说自己的无奈："有些事只能靠强势的态度，激烈的情绪来解决啊！"这又是另一种误解。很多时候，你越是对别人友善、温柔、宽容，越是用平静理智的态度来解决问题，你就会收获越多益处。

让我举一个例子。一位女士——一位社交界的名人——戴尔夫人，来自长岛的花园城。戴尔夫人说："最近，我请了几个朋友吃午饭，这种场合对我来说很重要。当然，我希望宾主尽欢。我的总招待艾米，一向是我的得力助手，但这一次却让我失望。午宴很失败，到处看不到艾米，他只派个侍者来招待我们。这位侍者对第一流的服务一点概念也没有，每次上菜，他都是最后才端给我的主客。有一次，他竟在很大的盘子里上了一道极小的芹菜，肉没有炖烂，马铃薯油腻腻的，糟糕透了。我简直气死了，我尽力从头到尾强颜欢笑，但不断对自己说：等我见到艾米再说吧，我一定要好好给他一点颜色看看。

"这顿午餐是在星期三。第二天晚上，听了有关为人处世的一堂课，我才发觉：即使我发怒、吼叫，教训艾米一顿也无济于事。他会变得不高兴，跟我作对，反而会使我失去他的帮助。我试着从他的立场来看这件事：菜不是他买的，也不是他烧的，他的一些下属太笨，他也没有法子。也许我的要求太严厉，火气太大。所以我不但不准备苛责他，反而决定以一种友善的方式做开场白，以夸奖来开导他。

"结果你猜怎么样？过了一个星期，我再度邀人午宴，艾米和我一起计划菜单，他主动提出把服务费减收一半。当我和宾客到达的时候，餐桌上被两打美国玫瑰装扮得多彩多姿，艾米亲自在场照应。即使我款待玛莉皇后，服务也不能比那次更周到。食物精美滚热，服务完美无缺，饭菜由四位侍者端上来，而不是一位，最后，艾米亲自端上可口的甜美点心作为结束。散席的时候，我的主客问我：'你对招待施了什么法术？我从来没见过这么周到的服务。'她说：'对了。我对艾米施行了友善和诚意的法术'。"

是的，这就是控制情绪，以平和心态解决问题所带来的好处。我不知道女士们是怎么想的，因为我以前也曾为情绪和心态的问题付出过代价，但是，假如你们希望身心健康，希望获得别人的尊重和喜爱，那么，请对自己好一点，不要被外界轻易影响，保持自己内心的宽容、淡定，保持情绪的平和、安宁，我相信，能够做到这些的女人，一定可以在这个烦躁的社会中感受到深刻的内在幸福。

跟信任的人谈论你的问题

1930年，约瑟夫·普拉特博士——他曾是威廉·奥斯勒爵士的学生——注意到，很多波士顿医院来求诊的病人，生理上根本没有毛病，可是他们认为自己有某种病的症状。有一个女人的两只手，因为"关节炎"而完全无法使用，另外一个则因为"胃癌"的症状而痛苦不堪。其他有背痛的、头痛的，常年感到疲倦或疼痛。她们真的能够感觉到这些痛苦，可是经过最彻底的医学检查之后，却发现这些女人没有任何生理上的疾病。很多老医生都会说，这完全是出于心理因素——"只是病在她的脑子里"。

可是普拉特博士了解，单单叫那些病人"回家去把这件事忘掉"不会有一点用处。他知道这些女人大多数都不希望生病，要是她们的痛苦那么容易忘记，她们自己就这样做了。那么，该怎么治疗呢？

他开了一个班，虽然医学界的很多人都对这件事深表怀疑，但却有意想不到的结果。从开班以来，18年里，成千上万的病人都因为参加这个班而"痊愈"。有些病人到这个班上了好几年的课——几乎就像上教堂一样地虔诚。我的助手曾和一位前后坚持了9年并且很少缺课的女人谈过话，她说当她第一次到这个诊所的时候，深信自己有肾病和心脏病，她既忧虑又紧张，有时候会突然看不见东西，担心失明。可是现在她充满了信心，心情十分愉快，而且健康状况非常良好。她看起来只有40岁左右，可是怀里却抱着一个睡着的孙子。"我以前总为家里的问题烦恼得要死，"她说，"几乎希望能够一死了之，可是我在这里学到了怎样停止烦恼，我现在可以说，我的生活真是太幸福了。"

这个班的医学顾问罗斯·希尔费丁医生认为，减轻烦恼最好的药就是"跟你信任的人谈论你的问题，我们称之为净化作用"。她说："病人到这里来的时候，可以尽量地谈她们的问题，一直到她们把这些问题完全赶出她们的脑子。一个人闷着头忧虑，不把这些事情告诉别人，就会造成精神紧张。我们都应该让别人来分担我们的难题，我们也得分担别人的烦恼。我们必须感觉到世界上还有人愿意听我们的话，也能够了解我们。"

我的助手亲眼看到一个女人在说出她心里的烦恼之后，感到一种非常难得的解脱。她有很多家事的烦恼，在她刚刚开始谈这些问题的时候，她就像一个压紧的弹簧，然后一面讲，一面渐渐地平静下来。等到谈完了之后，她居然能面露微笑，这些困难是否已经得到了解决呢？没有，事情不会这么容易的。她之所以有这样的改变，是因为她能和别人谈一谈，得到了一点点忠告和同情。真正造成变化的，是具有强而有力的治疗功能的语言。

就某方面来说，心理分析就是以语言的治疗功能为基础。从弗洛伊德的时代开始，心理分析家就知道，只要一个病人能够说话——单单只要说出来，就能够解除他心中的忧虑。为什么呢？也许是因为说出来之后，我们就可以更深入地看到我们面临的问题，能够找到更好的解决方法。没有人知道确切的答案，可是我们所有的人都知道"吐露一番"或是"发发心中的闷气"，就能立刻使人觉得畅快多了。

所以，下一次我们再碰到什么情感难题时，何不去找个人来谈一谈呢？当然我并不是说，随便到哪里抓一个人，就把我们心里所有的苦水和牢骚说给他听。我们要找一个能够信任的人，跟他约好一个时间，也许找一位亲戚、一位医生、一位律师、一位教士，或是一个神父，然后对那个人说："我希望得到你的忠告。我有个问题，我希望你能听我谈一谈，你也许可以给我一点忠告。也许旁观者清，你可以看到我自己看不见的角度。可是即使你不能做到这一点，只要你坐在那里听我谈谈这件事情，也等于帮了我很大的忙了。"

如果你真觉得没有一个人可以谈一谈的话，那我要告诉你所谓的"救生联盟"——这个组织和波士顿那个医学课程完全没有关联。这个"救生联盟"是世界上最不寻常的组织之一，它的组成是为了防止可能发生的自杀事件。可是多年之后，它的范围扩大到给那些不快乐或是在情感和精神方面需要安慰的人提供谈话帮助。

把心事说出来，这是波士顿医院所安排的课程中最主要的治疗方法。下面是我们在那个课程里得到的一些概念，其实我们在家里就可以做到这些事。

（1）准备一本"供给灵感"的剪贴簿——你可以贴上自己喜欢的令人鼓舞的诗篇，或是名人格言。往后，如果你感到精神颓丧，也许在本子里就可以找到治疗方法。在波士顿医院的很多病人都把这种剪贴簿保存好多年，她们说这等于是替自己在精神上"打了一针"。

（2）不要过于为别人的缺点操心——不错，你的丈夫有很多的缺点，但如果他是个圣人的话，恐怕他根本就不会娶你了，对不对？

在那个班上有一个女人，发现她自己变成了一个专门对人苛刻、责备别人、爱挑剔，还常常拉着一张脸的妻子。当人家问她"要是你丈夫死了你怎么办"的问题时，她才发现自己的短处，她当时着实吃了一惊，连忙坐下来，把她丈夫所有的优点列举出来。她所写的那张单子可真长呢。所以，下一次要是你觉得你嫁错了人，何不也试着这样做呢？也许在看过他所有的优点之后，会发现他正是你希望遇到的那个人。

（3）要对你的邻居有兴趣——对那些和你在同一条街上共同生活的人，有一种很友善也很健康的兴趣。

有一个很孤独的女人，觉得自己非常"孤立"，她一个朋友也没有。有人要她试着把她下一个碰到的人作为主角编一个故事，于是她开始在公共汽车上为她看到的人编故事。她假想那个人的背景和生活情形，试着去想象他的生活怎样。后来，她碰到别人就谈天，而今天她非常快乐，变成一个很讨人喜欢的人，也治好了她的"痛苦"。

（4）今晚上床之前，先安排好明天工作的程序——在班上，他们发现很多家庭主妇，因为做不完的家事而感到很疲劳。

她们好像永远也做不完自己的工作，老是被时间赶来赶去。为了要治好这种匆忙的感觉和忧虑，他们建议各位家庭主妇，在头一天就把第二天的工作安排好，结果呢？她们能完成许多工作，却不会感到那么疲劳。同时还因有成绩而感到非常骄傲，甚至还有时间休息和"打扮"。每一个女人每一天都应该抽出时间来打扮，让自己看起来漂亮一点。我认为，当一个女人知道她外观很漂亮的时候，就不会"紧张"了。

（5）避免紧张和疲劳的唯一途径就是放松——再没有比紧张和疲劳更容易使你苍老的事了，也不会再有别的事物对你的外表更有害了。

我的助手，在波士顿医院思想控制课程里坐了1个钟头，听负责人保罗·约翰逊教授谈了很多很多我们已经讨论过的原则——那些能够放松的方法。在10分钟放松自己的练习结束之后，我那位和其他人一起做这些练习的助手几乎坐在椅子上睡着了。为什么生理上的放松能够有这么大的好处呢？因为这家医院——和其他医生一样——知道，如果你要消除忧虑，就必须放松。

忧虑是女人容貌最大的克星

我去访问女明星英乐·奥伯恩时，她告诉我她绝对不会忧虑，因为忧虑会摧毁她在银幕上的主要资产——她美丽的容貌。她告诉我说：

"我起初想要进入影坛的时候，既担心又害怕，我刚从印度回来，在伦敦一个熟人也没有，却想在那里找一份工作。我去见过几个制片家，可是没有一个人肯用我。我仅有的一点钱渐渐用光了，整整两个礼拜，只靠一点饼干和水过活。这下我不仅是忧虑，还很饥饿，我对自己说：'也许你是个傻子，也许你永远也不可能闯进电影界。归根究底，你没有经验，也从来没有演过戏，除了一张漂亮的脸蛋，你还有些什么呢？'

"我照了照镜子。就在我望着镜子的时候，才发现忧虑对我的容貌起了极坏的影响。我看见忧虑造成的皱纹，看见焦虑的表情，于是我对自己说：'你一定得马上停止忧虑，不能再继续下去了，你能给人家的只有你的容貌，而忧虑会毁了它的。'"

再没有什么会比忧虑使一个女人老得更快，并摧毁了她的容貌。忧虑会使我们的表情难看，会使我们咬紧牙关，会使我们的脸上产生皱纹，会使我们老是愁眉苦脸，会使我们头发灰白，有时甚至会使我们头发脱落。忧虑会使我们脸上的皮肤发生斑点、溃烂和粉刺。

曾经有一段时期，在日本掀起了第一次"自然化妆品"热潮。与现时的"自然"有所不同，主要以使用更加原始的原材料生产化妆品为特色，比如赤豆、丝瓜等所谓"传统智慧"的化妆品大行其道，对流行时尚极为敏感的年轻女性完全陷于其中不能自拔。这种自然化妆品的依据便是"绝不使用任何界面活性剂、防腐剂以及香料等成分"，使用这些"含对皮肤有害的物质"的大型化妆品生产厂家的化妆品对人的肌肤是极其危险的，等等。这种极端的论调使陷于其中的女性们纷纷对著名厂家的化妆品敬而远之，甚至持否定态度，一心追捧赤豆和丝瓜。

在这一片热潮中，有一位十分推崇这种论调的女性，她在接受各种杂志的采访中曾语出惊人，发出豪言壮语："除了纯自然的化妆品，其他都令人可怕，不能使用！"

可是大约一年之后，她又突然宣称自己是"敏感性肌肤"，开始热衷于由皮肤科医师开发研制的化妆品，"就是不使用防腐剂的自然化妆品也令人可怕，不能使用！"又过了大约两年，她又转而竭力称赞起所谓"无任何添加物"的化妆品来，对皮肤科医师开发研制的化妆品也变成了否定态度："那只不过是一种错觉而已！"后来，每当与她联系时便换了一种"爱用品"的她，又迷上了我只听到过名字的二线品牌的邮购化妆品，而选择的理由自然是每次都各不相同，真是很有意思。毫无疑问，她就是那种"化妆品信息源""超级时尚发布中心"，同时又是稍稍不成熟的狂热的化妆品爱好家。

彷徨于各种化妆品间而无法确定自己所适合的，这本是谁都会发生的事情，没有什么不好；可是她的情况却稍稍有些病态，对各种化妆品热衷又幻灭，因而肌肤老是不能变得光滑、美丽，尽管尝试了各种各样的化妆品，但是她一点儿也没有美丽起来，脸色总是显得暗淡无光，她也一直在为脸上的疙瘩而烦恼。

后来她又随着时尚潮流开始为"冥想化妆品"而倾倒，但是脸色仍然未见丝毫好转，终于她发出了"难道所有化妆品都没有什么效果"的疑问。即使这样，她还是没有停止尝试和彷徨，先后使用了各种"冥想化妆品"。她将毫无改善的原因统统归结为化妆品，而旁观者则清清楚楚地知道这绝不是化妆品的原因。3年前，她结婚了，当了一名全职主妇，出于很容易理解的原因，她听从住所附近主妇们的推荐，又试着换用了在主妇中间很受欢迎的上门推销的化妆品，结果如何？令人简直不敢相信，她的肌肤一下子变得光滑、美丽起来。

"真的是好不容易才遇上了这样好的化妆品啊！"

她兴奋异常地给我打来电话报告。我问她："怎么个好法？"她回答："脸上的疙疙瘩瘩全都不见了，皮肤也变白了……"

我情不自禁地想：果不其然！

她为肌肤持续烦恼了约10年的根本原因，不是因为"没有遇见好的化妆品"，而是她身体内反反复复蓄积下来的令人感觉不适的精神压力。巨大的精神压力会导致神经系统失调，血液循环不畅，皮肤的免疫机能低下或紊乱，她总是脸色暗淡，稍有一点小事脸上便长出疙瘩等，全都是内在的精神压力所致。那么，为什么持续了10年的讨厌问题会在一瞬间全面解决呢？我想大家已经明白了吧？那就是结婚。年过35岁的"闪电式结婚"，不要说周围人都觉得惊讶不已，她本人可能是最想不到会有这样的事情吧？

　　类似的例子还可以举出许多。一位皮肤粗糙不堪的女性先后尝试了各种各样的化妆品，在某次人事变动后被调到了其他科室，突然间仿佛全身的毒素全部排出似的，肌肤变得光滑、润洁起来；还有一位女性在与长期同居的男友分手，重新搬家之后，立即显得容光焕发，终于告别了陷于各种化妆品的生活。不管是谁，都是在改变了自己的日常生活场所的同时发生的变化。

　　然而更重要的是，现今的时代，在被称作"狂热的美容爱好家"的人群中，像这类人——将自己不幸的原因指向毫不相干的化妆品，漫无目标地热衷于化妆品中——其实真的是很多。并且这些人往往不信任"主流"化妆品，而宁愿更相信自然化妆品、邮购化妆品等"支流"的化妆品，热衷于从一些二线品牌的化妆品中发现所谓的"价值"，"支流"永远都不可能成为"主流"，因而她们"追求更好更有效的化妆品"的意识比一般人更加强烈，以致一直彷徨于各种化妆品以及频繁地更换化妆品的病态之中。

　　或许有人会认为这是"庞大的浪费"吧。不过我有一瞬间觉得：靠着化妆品或多或少解救了深陷于"暗无天日"的巨大精神压力中的她们，这不也是一件好事吗？就拿她来说，大概甚至将"或许结不了婚"的原因也归罪于"化妆品一点也没有效果"吧。假如真是这样的话，那么她由于这种归罪也就不至于产生"我不是一个好女人""我缺少女性的魅力"一类的自卑感，她之所以能够结婚，可以说也是因为她并没有这种自卑感。她所反复尝试和彷徨于其中的许许多多的化妆品，即使没有治愈她肌肤上的问题，但至少减轻了她精神上的自卑感，所以说这些化妆品还是产生了效果，一点也没有浪费。

忧虑是女人容貌的最大克星，拥有一份好心情就是最好的天然化妆品。如果你不想让眼睛周围那些皮肤特别薄的地方过早出现皱纹，请及时地脱离忧虑。

过重的负担杀死熊

我曾参与过一项名为"压力下的家庭健康"的调查，在接受调查的20000人中有近85%的人认为，绝对需要学习如何处理压力。根据过去10年美国家庭医师协会的调查估计，一般病人中，近3/4有与压力有关的问题。这种调查和类似调查，引起了许多公司机构与企业领导人的关注，因为在过去的一年里，怠工、与压力相关的疾病而造成的生产效益低下，已使他们的公司损失了500亿美元。而且他们相信在两年以内，这种花费会增至750亿美元——平均每位美国的工人要花750美元。同样的，家庭与婚姻是受压力影响最严重的领域。

艾柯森博士在他的一篇医学报告中为我们总结了一些关于工作压力带来的忧虑症状，他说："压力是精神与身体对内在、外在事件的生理反应与心理反应，具有下列特征：A主观性——同样的事件有人觉得有压力，有人却觉得不怎么样；B评价性——同样的压力有人认为对自己有帮助，有人却认为对自己有副作用；C活动性——压力会因为对每一个人造成的严重性不同，从而产生程度不同的压力。"艾柯森仔细地观察他的病人，发现80%的人因为工作的压力产生忧虑，而烦躁和忧虑致使他们的身体经常呈现如下症状。

（1）情绪：紧张、敏感、多疑、不稳定、焦躁不安、忧虑、烦恼、难以放松等。

（2）生理：口干舌燥、心跳急速、异常出汗、肌肉紧绷僵硬、便秘、头痛、失眠、血压升高、全身酸痛、疲劳、精神不济、消化系统不良、新陈代谢失调等。

（3）行为：抱怨、争执、挑剔、责备、暴力、滥用药物、生活作息混乱、坐立不安等。

我在得克萨斯州举办的成人教育班上，一个叫玛丽·苏伊曼的女士讲述了她一段至今难忘的经历。

"10年前，我刚刚从佛罗里达州立大学毕业，进入一家洗涤品公司销售部工作。当时公司新研制出了一种冰箱除味剂，首先在几家超市试行了人们对这种新产品的接受程度，效果还不错，接着上司肖恩给我布置了新的销售任务——一星期内做出一份销售除味剂的策划案。

"当时我异常紧张，'我只是个新手，为什么让我来做挑战性这么大，风险又这么高的策划案？为什么肖恩不让已经在这里工作了两年的彼得去做？'在这样的不安中，我度过了前两天，我当时真实的感受是，当黎明到来的时候，我迅速起床赶到一个个社区中给每个家庭主妇分发除味剂，然后就在现场统计关于价格、包装、气味等方面的调查结果，到了晚上我面对摆在桌子上的一堆资料开始忧虑，'这样能行吗？别的同事是否会取笑甚至在会上反对这种销售方式？成功的概率到底有多少？'整个夜晚就在这样的质疑中迷迷糊糊度过。

"到了第四天，事情开始出现转机，一位退休在家的老教授找到我们公司，急切地问你们的除味剂怎么在超市的货架上找不到？这样一个简短的问题使我打消了忧虑，我自信地告诉肖恩我的策划案已经完成，压力消失了，困扰也不在了，我们成功地推销了新除味剂。"

虽然事情时隔10年，玛丽依然很激动，"可能很多人生活中的忧虑和不快乐来自工作中的压力，其实更多的情况是，工作的压力不是因为工作本身，而是我们给自己制造的压力"。

著名的心理学者哈里·赖文生博士，谈我们对自己将来的光明前景的概念。他说，我们总是尽力使每一件事尽善尽美，因为我们希望能活得更像心目中的自己。但在实际状况与自我期望之间总是有一段距离，这距离就是引起压力的根源，也称为自我的压力。因为我们理想中的"我"是导致潜在问题的原因。

　　前几年，一个经常和我联系的商人谈到了他在这种压力中挣扎的经验，这种经验给了他很好的教训。

　　他说："许多年前，我的公司曾经问过我，是否愿意考虑调职到日本。那真是表现自我的好机会，但我知道，若我接受，很可能会造成家庭问题。我已因职业的关系，搬家至四个不同的城市，某一次搬家之后，当时我15岁的大儿子离家出走了几天，以示抗议。我知道我不应再考虑为事业而搬家，因我另外一个儿子，那时也已经15岁，正值青春期的危险年龄。但我仍让上司将我列入考虑人选中达6周之久，在这段时间里，我说：'我不会自我推荐的，上帝啊，我会让别人来决定。'我的太太琼说：'我祷告，求神指示我们。'而我知道，这是她表示不愿意去的方式。我15岁的小儿子则坦白地对我说：'爸爸，我不要再搬家。'在6周后，事情决定了，这次调职由另一位同事去。虽然我口里说：'那好啊。'但两天以后，我患了肠疾，而且并没有立刻就好，在那个时候，我才明白我的挣扎有多强烈。病了4天后，半夜肚子不舒服使我醒来，因为极度的疲乏而变得轻缓下来，我轻声地祷告：'现在才知道我一直在苦苦挣扎，请赦免我只想到自己的需要。请医治我与家人的关系……并且也请医治我身体上的不舒服。'那夜我也不必再爬起来了，因为我的罪已得赦免，而我的难处也随着紧张一并消失。结果我得到宝贵的教训，当一个人不顾一切要得到一个工作上的地位，而甘冒失去家庭和邻里和谐关系的这种思想时，就会丧失分辨是非黑白的能力。"

在我们忙碌的生活中，自我管理的能力实在很重要，而理想的自我便是其中重要的部分。或许我们生命中有90%的时间，是花费在自己的事情，与追逐自我的理想中。我们只为自己着想，那会使我们陷在自我的捆绑中。这是我一直思考的问题，也是我希望女士们能够明白的道理。就像古罗马有这样一句谚语——"不是负担，而是过重的负担杀死熊"。

抱怨是在消灭自己的能量

多年来，我常到离家不远的公园中散步、骑马，以此作为消遣，像古时高尔人的传教士一样。我很喜欢橡树，所以每当我看见一些小树及灌木被人为地烧掉时，就非常痛心，这些火不是由粗心的吸烟者所致，而是多数由到园中野炊的孩子们摧残所致。有时这些火蔓延得很凶，以致必须叫来消防队员才能扑灭。

公园边上有一块布告牌，上面写道：凡引火者应受罚款及拘禁。但这布告牌竖在偏僻的地方，儿童很少看见它。有一位骑马的警察在照看这一公园，但他对自己的职务不大认真，火仍然经常蔓延。有一次，我跑到一个警察那边，告诉他一场火正急速在园中蔓延，要他通知消防队。他却冷漠地回答说，那不是他的事，因为不在他的管辖区中。我急了，所以在那以后，当我骑马的时候，我觉得自己有必要担负起保护公共地方的义务。

然后，我做了什么呢？当我看见树下起火时，我非常不快，上前警告他们，用威严的声调命令他们将火扑灭。而且，如果他们拒绝，我就恫吓要将他们交给警察。结果呢？那些儿童遵从了——怀着一种反感的情绪遵从了。在我骑过山后，他们又重新生火，并恨不得烧尽公园。

这件事带给我很大的怒气和挫败感。我能怎么办呢？又不能天天守在公园里。于是，那段时间，我总在喋喋不休地抱怨。我向警察抱怨孩子们的行为，向妻子抱怨警察的冷漠，向朋友们抱怨这件事带给我的烦恼……天哪，女士们，你们相信吗？整整一个月时间，我几乎不能停止抱怨！

直到有一天，我的妻子对我说："你打算抱怨到什么时候？假如你把发牢骚的时间和精力用来解决问题，把你绘声绘色描绘这件事时的聪慧头脑用来想想办法，或许从上个月开始公园里就不会再发生火灾了。"

这番话让我冷静下来，而一旦不再抱怨，我立刻想出了办法，最后，我完美地解决了这件事。解决的方法非常简单。

那天我去骑马，看到那群孩子在树下生火，于是我走上前去，向他们说道："孩子们，这样很惬意，是吗？你们在做什么晚餐？当我是一个孩童时，我也喜欢生火——我现在也很喜欢。但你们知道在公园中生火是极危险的，我知道你们不是故意的，但别的孩子们不会这样小心，他们过来见你们生了火，他们也会学着生火，回家的时候也不扑灭，以致在干叶中蔓延烧毁了树木。如果我们再不小心，这里就会没有树林。因为生火，你们可能被拘捕入狱。我不干涉你们的快乐，我喜欢看到你们很快乐。但请你们即刻将所有的树叶扫得离火远些，在你们离开以前，你们要小心用土盖起来，下次你们取乐时，请你们在山丘那边沙滩中生火，好吗？那里不会有危险。多谢了，孩子们，祝你们快乐。"

假如我在第一次遭遇孩子们的反感和反抗时，就能够冷静下来想出这个解决办法，那这一个月的时间，也不至于在抱怨中度过了。女士们，我非常愿意用亲身经历与你们分享领悟到的道理：不管遇到什么事情，千万不要抱怨，因为抱怨是一件毫无益处的事，它只会浪费你的时间和精力，消灭你的智慧和能量，让问题拖延，或者变得更加棘手。

我认识一位名叫玛丽的姑娘，她在一家公司当文员。看得出来，她是一个悲观的人，她似乎总是在抱怨他人与环境，只要工作上稍微不顺，她就会牢骚满腹。在我看来，玛丽是一个有着优秀潜质的人，然而，她整天生活在负面情绪当中，完全享受不到工作和生活的乐趣。

去年，玛丽所在的公司由于经济不景气而裁员，部门经理首先就想到了她。经济环境不好，公司更需要增加业绩、团结一致，但是，玛丽除了发牢骚，还是发牢骚。第一轮裁员刚刚开始，玛丽就接到了解聘信……

一个优秀的女孩，却活在抱怨里，这真是很可惜的事。各位女士，如果你们当中也有人如玛丽一样活在抱怨里，假如你们抱怨薪水、上司、丈夫、孩子……那么，我想请你们留意这样的事实：常常抱怨的人，最终会活在她们所抱怨的现实里，无法自拔，因为她们根本不想改变。

假如你永远抱怨自己的薪水少得可怜，却从不为此去做些什么，那么你很可能永远都只能领到一份少得可怜的薪水；如果你永远抱怨上司不体谅下属，抱怨他的工作习惯和办事风格，却从不试图与他沟通、为改善你的看法和彼此的关系做出努力，那么，恐怕你们的关系会更加恶化——和上司关系恶化，对你有什么好处？这就像抱怨对你没有任何好处，你却仍然不断地把时间浪费在抱怨上。

我最近碰到一位气愤异常的女士，有人警告我，只要和她聊天，15分钟内她就一定会谈起那件事。果然如此。令她气愤的事发生在11个月前，可是她还是一提起就生气。她简直不能谈别的事，当时，她劝说丈夫为他公司里的34位员工发了10000美元圣诞节奖金——每人差不多300美元——结果没有一个人表示感谢。她向我抱怨说："我很遗憾，我居然发给他们奖金。"

11个月的时间，她一直在抱怨这件事，可是这有什么用呢？钱已经给出去了，不可能再收回来。无休止的生气，让怒火烧伤身体；背负着沉重的心理包袱，占据了生活中快乐的空间；损耗内心的能量，让她没法去做那些更重要的事情——除了这些后果，抱怨还能为她带来什么？

女士，假如你现在正在抱怨，我想请你立即停止，想一想自己究竟要说什么再开口，或者，干脆沉默吧。适当沉默不语，好过永远喋喋不休。只要你停止抱怨，情绪就能稳定下来，你的注意力也很容易转移到其他事情上。假如你有抱怨的习惯，我希望你平时对自己的言行多加留意：如果你说一句带有怒气的话，或者做一个于事无补的举动，请立刻停下来，停止损耗你的能量，并将这些能量用来思考和执行以下两点：问题在哪里？如何解决？只要长期坚持这样的训练，我相信，抱怨给你带来的损失将会越来越小。

"根据平均率，这种事情不会发生"

我有一位平静、沉着的女性朋友，她似乎总是生活得很快乐。但在我认识她的几年前，她的生活差点被毁了。她脾气很坏，很急躁，生活在非常紧张的情绪下，她时时刻刻都在为各种问题担忧：是不是房子烧起来了；是不是女佣丢下孩子们跑了；孩子们会不会骑着脚踏车出去被汽车撞死了，等等。

直到她遇到了她的现任丈夫——一个很平静、事事都能够加以分析的律师。每次她神情紧张或焦虑的时候，他就会对她说："不要慌，让我们好好地想一想，你真正担心的到底是什么呢？让我们看一看平均率，看看这种事情是不是有可能会发生。"

从丈夫身上，她学会了一套对付忧虑的方法，从此以后，她再也没有为任何事情担心过。她跟我讲了这样几个故事，我现在讲给你们听，因为我觉得这对多数女士来说都很有启发：

"有一个夏天，我们到加拿大的落基山区露营。有天晚上，我们的帐篷扎在海拔7000尺高的地方，用绳子绑在一个木质的平台上，我们突然遇到了暴风雨。帐篷在风里抖着、摇着，发出尖厉的声音。我每一分钟都在想：我们的帐篷会被吹跑，吹到天上去。我当时真的吓坏了，可是我的先生不停地说着：'我说，亲爱的，我们有好几个印第安向导，这些人对一切都知道得很清楚。他们在这些山地里扎营有60年了，这个营帐在这里也很多年了，到现在还没有被吹跑。根据平均概率来看，今天晚上也不会被吹跑。即使被吹跑，我们也可以躲到另外一个营帐里去，所以不要紧张。'我慢慢放松下来，结果那天后半夜睡得非常熟。

"几年以前，小儿麻痹症横扫过加利福尼亚州我们所住的那一带。要是在以前，我一定会惊慌失措，可是我先生叫我保持镇定，我们采取了所有的预防方法：不让小孩子出入公共场所，暂时不去上学，不去看电影。

在和卫生署联络过之后，我们发现，即使是加利福尼亚州发生过的最严重的一次小儿麻痹症，整个加利福尼亚州只有1835个孩子染上了这种病。在平常，一般的数目只在200～300人之间。虽然这些数字听起来还是很多，可是到底让我们感觉到：根据平均率来看，某一个孩子感染的机会实在是很小。"

"根据平均率，这种事情不会发生"，这一句话可以消除我们90％的烦恼，因为我们大部分的负面情绪都来自这些杞人忧天的小概率事件。

比如，我小时候很怕闪电，可是长大之后我才发现，随便在哪一年，被闪电击中的机会，大概是三十五万分之一。

美国海军也常用平均率来鼓舞士兵们的士气。曾在美国海军服役，来自明尼苏达州保罗市的克莱德·马斯，当他和伙伴被派到一艘油轮上的时候，他们都吓坏了。这艘油轮运的是高单位汽油，于是他们都认为，要是这条油轮被鱼雷击中，就会爆炸，船上的每个人都会丧命。

可是美国海军有办法，他们发出了一些很正确的统计数字，指出被鱼雷击中的100艘油轮里，有60艘没有沉到海里去，而沉下去的40艘里，只有5艘是在不到5分钟的时间内沉没的。那就是说，如果鱼雷真的击中油轮，船员有足够的时间跳下船，丧命的机会非常小。这样对士气有没有帮助呢？"知道了这些平均数字之后，我的忧虑一扫而光。"克莱德·马斯说，"船上的人都觉得轻松多了，我们知道有的是机会，根据平均的数字来看，我们可能不会死在这里。"

可见，很多时候，我们总是担心那些不可能发生的或者发生概率很小的事情，我们被各种危言耸听的传闻吓坏了，以至于根本没有想过这类事情发生的概率。

你犯错了，但我曾比你更傻

几年前，我的侄女约瑟芬·卡耐基，离开她在堪萨斯市的老家，到纽约来担任我的秘书。她那时19岁，高中毕业已经3年，做事经验几乎等于零。今天，她已是西半球最完美的秘书之一。

但是，在刚刚开始的时候，她……嗯，尚可改进。有一天，我正想开始批评她，但转念又想："等一等，戴尔·卡耐基，等一等。你的年纪比约瑟芬大了一倍。你的生活经验几乎有她的10000倍多。你怎么可能希望她有你的观点、判断力、冲劲——虽然这些都是很平凡的。还有，等一等，戴尔，你19岁时又在干什么呢，可还记得你那些愚蠢的错误和举动？可还记得……"

诚实而公正地把这些事情仔细想过一遍之后，我获得结论，约瑟芬19岁的行为比我当年好多了——而且，我发现自己并没有经常称赞约瑟芬。

从那次以后，当我想指出约瑟芬的错误时，总是说："约瑟芬，你犯了一个错误。但上帝知道，我所犯的许多错误比你的更糟糕。你当然不能天生就万事精通，那是只有从经验中才能获得的。而且在你现在这个年纪，你比当年的我强多了，我自己曾做过那么多的愚蠢傻事，所以我根本不想批评你或任何人。但难道你不认为，如果你这样做的话，不是比较聪明一点吗？"

还有一位伙计经历了和我一样的事情，也使用了和我一样的方法。加拿大明尼托拔布兰敦的一位工程师狄里史东，他的秘书有点问题：口述的信打好了，送给他签名，每页总会有两三个词拼错。狄里史东先生怎么处理这个问题呢？

当下封信送来时，上面仍有些错误，狄里史东先生就跟他的秘书一起坐下，对她说："不知怎么了，这个词看起来总是不对劲，这个词我也常常不会写。所以我才写了这本拼词本。（他打开了小笔记本，翻到那一页。）对啦，这就是了。现在我对拼词比较留心，因为别人会以拼错词来评价我们够不够职业水准。"

从那次谈话后，那位秘书拼错词的次数确实少多了。

宽恕并忘却敌人

几个世纪以来，人类总是景仰不怀恨仇敌的人。我常到加拿大的一个国家公园，欣赏美洲西部最壮丽的山景，这座山是为了纪念英国护士爱迪丝·卡韦尔于

1915年10月12日在德军阵营中殉难而命名。她当时被杀的罪名是什么？她在比利时家中收留照顾一些受伤的法军与英军，并协助他们逃往荷兰。在她即将行刑的那天早上，军中的英国牧师到她被监禁的布鲁塞尔军营中看她，卡韦尔喃喃说道："我现在才明白，光有爱国情操是不够的。我不应该对任何人怀恨或怨怼。"4年后，她的遗体被送往英国，并在威斯敏斯特教堂内举办了一场纪念仪式。我曾在伦敦住过一年，常到卡韦尔的雕像前，读着她不朽的话语："我现在才明白，光有爱国情操是不够的，我不应该对任何人怀恨或怨怼。"

要想真正宽恕并忘却我们的敌人，最有效的办法还是诉诸比我们强大的力量。因为我们可以忘记一切事，当然侮辱也显得无足轻重了。让我再举个例子。

1918年，密西西比州有一位黑人教师兼传教士琼斯即将被处以死刑。几年前我拜访了琼斯亲手创办的学校，并向学生做过演说。现在它已成为一所全国有名的学校，但我要说的这个故事是很早以前的事。当时还是第一次世界大战的时候，密西西比州中部流传的谣言说，德军将策动黑人叛变。琼斯被控策动叛乱，并将被处以死刑。一群白人在教堂外听到琼斯在教堂内说道："生命是一场战斗，黑人们应拿起武器，为争取生存与成功而战。"

"战斗！""武器！"够了！这些激动的白人青年冲入教堂，用绳索套上琼斯，把他拖了一英里远，推上绞台，燃起木柴，准备绞死他，同时也烧死他。有人叫道："叫他说话！说话！说啊！"于是琼斯站在绞台上，脖子上套着绳索，开始谈他的人生与理想。琼斯1907年从爱达荷大学毕业，他谈到自己的个性、学位，以及令他在教职员中受欢迎的音乐才能。毕业时，有人请他加入旅馆业，有人愿出钱资助他接受音乐教育，都被他拒绝了。为什么？因为他热衷于一个理想。受到布克·华盛顿的故事的影响，他立志去教育他贫困的同胞兄弟。于是他前往美国南方所能找到的最落后的地方，也就是密西西比州的一个偏僻地方，把他的手表当了1.65美元，就在野外树林里开始办学校。琼斯面对这些准备处死他的愤怒的人们，诉说自己如何奋斗，如何教育这些失学的孩子，想将他们训练成有用的农人、工人、厨子与管家。他也告诉这些白人，在他兴学的过程中，谁曾经帮助过他——一些白人曾经送他土地、木材、猪、牛，还有钱，协助他完成教育工作。

事后，有人问琼斯恨不恨那些拖他、准备绞死、烧死他的人？他的回答是，他当时忙着诉说比自己更重大的事，以致无暇憎恨。

当琼斯如此真诚动人地谈话，特别是他不为自己求情，只为自己的使命求情时，暴民们开始软化了。最后有个老人说："我相信这年轻人说的是真的，我认得他提到的几个人。他在做善事，是我们错了，我们不应该吊死他，而应该帮助他。"老人开始在人群中传帽子，向那些想吊死琼斯的人募了52美元，因为琼斯说："我没空争吵，也没时间反悔，没有人能强迫我恨他们。"

依匹克特修斯在1900年前就曾经指出，我们种苗就会得果。"归根结底,"依匹克特修斯说,"每一个人都会为他自己的错误付出代价。能够记住这点的人就不会跟任何人生气,不会跟任何人争吵,不会辱骂别人、责怪别人、恨别人。"

在美国历史上,恐怕再没有谁受过的责难、怨恨和陷害比林肯更多。但是根据记载,林肯却"从来不以他自己的好恶来批判别人。如果有什么任务要做,他也会想到他的敌人可以做得像别人一样好。如果一个曾经羞辱过他的人,或者是对他个人有不敬的人,却是某个位置的最佳人选,林肯还是会让那个人去担任那个职务,就像他会派他的朋友去干这件事一样……而且,他也从来没有因为某人是他的敌人,或者因为他不喜欢某个人,而解除那个人的职务"。很多被林肯委任高位的人,以前都曾批评或是羞辱过他——像麦克里兰、爱德华·史丹顿和蔡斯。但林肯相信"没有人会因为他做了什么而被歌颂,或者因为他做了什么或没有做什么而被罢黜"。因为所有的人都受条件、情况、环境、教育、生活习惯和遗传的影响,使他们成为现在的这个样子,将来也永远是这个样子。

从小,我的家人每天晚上都会在《圣经》里面摘出章句或诗句来复诵,然后跪下来一齐念"家庭祈祷文"。我现在仿佛还听见,在密苏里州一栋孤寂的农舍里,我的父亲复诵着耶稣基督的那些话——"只要这个人存有理想,就为他祝福,凌辱你的,要为他祷告"。我父亲做到了这一点,也使他的内心得到一般将官和君主所无法追求到的平静。

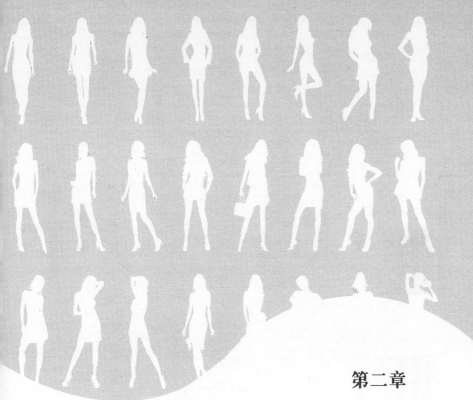

第二章

逆商：有人拒绝坚强，有人永不受伤

我不像我们一般女人那样善于哭泣。也许正因为我流不出无聊的泪水，你们会减少对我的怜悯。可是我心里蕴藏着正义的哀愁，那愤火的燃灼的力量远胜于眼泪的泛滥。

——莎士比亚

冰冷的北极风造就了因纽特人

尼采对超人的定义是："不仅是在必要情况之下忍受一切，而且还要喜爱这种情况。"我提及这句话的目的，是想借此提出一种面对人生逆境的态度：忍耐，并且拥抱逆境。因为逆境并不是命运为你设置的障碍，假如你换一个角度去看，就会发现，这些逆境其实也是命运的祝福。当然，前提是你能够从逆境中汲取力量，继而努力奋斗，取得成功。如果你只是一味地沉溺在自怨自艾中，那么，命运给予你的逆境就只是逆境而已。它会成为你人生中丑陋的伤疤，而不是漂亮的勋章。

愈研究那些有成就者的事业，我就愈加深刻地感觉到，他们之中有非常多的人之所以成功，是因为开始的时候有一些会阻碍他们的缺陷，促使他们加倍地努力而得到更多的报偿。正如著名心理学家威廉·詹姆斯所说的："我们的缺陷对我们常有意外的帮助。"

不错，很可能密尔顿就是因为双眼失明了，才能写出更好的诗篇，而贝多芬是因为双耳失聪了，才能做出更好的曲子，海伦·凯勒之所以能有光辉的成就，也就是因为她的失明和失聪。

如果柴可夫斯基不是那么痛苦，而且他那个悲剧性的婚姻几乎使他濒临自杀的边缘，如果他自己的生活不是那么悲惨，他也许永远不能写出他那首不朽的《悲怆交响曲》。

"如果我不是有这样的残疾，"那个在地球上创造生命科学的基本概念的人写道，"我也许不会做到我所完成的这么多工作。"达尔文坦白承认他的残疾对他有意想不到的帮助。

达尔文在英国出生的那一天，另外一个孩子生在肯塔基州森林的一个小木屋里，他的缺陷也对他有帮助。他的名字就是亚伯拉罕·林肯。如果他出生在一个贵族家庭，在哈佛大学法学院得到学位，又有幸福美满的婚姻生活，他也许绝不可能在心底深处找出那些在盖茨堡所发表的不朽演说。他不会有在他第二次政治演说中所说的那句如诗般的名言——这是美国的统治者所说的最美也最高贵的话："不要对任何人怀有恶意，而要对每一个人怀有爱……"

我当然不是在漠视苦难，否认这些缺陷给他们带来的痛苦，我只是从这些伟大的、有所成就的人身上看到了这样一种精神：面对人生的逆境时，他们没有计较这些困难让他们遭受了多少损失，而是关注自己借此得到了什么。他们通过自己的努力，将所有的逆境，将命运施加给生命的诅咒，都化作了对生命的一种祝福。

这让我想起美国钢铁大王安德鲁·卡内基在一次讲话中说过的话："对于那些生来一无所有的年轻人，我想向他们表示祝贺。因为他们出生在一个令人荣耀的境地，这种环境注定了他们必须孜孜以求、不懈努力才能够改变自己的处境，才能出人头地。"

对于那些坚韧、强大，对自己的人生负责的人来说，厄运也能散发出芳香，因为他们知道，正是这些逆境、厄运，不断挑战他们的极限，促使他们一刻不停地去努力，最终取得辉煌的成绩；而对于那些喜欢回避责任的人来说，困难则成了最好的挡箭牌。

女士们，假如你整天都认为环境不好，当然就会把自己的过失推诿于"缺陷"或其他种种原因。比如，你会把失败归咎于自己没有受过大学教育，而假如你恰巧上了大学，你也仍能为自己找出许多理由。而一个真正成熟的女性则不会如此，她会想办法去克服困难，并把困难当作奋进的理由，而不是找借口去回避困难。

伊丽莎白有次向朋友玛丽亚抱怨自己工作不顺利，认为那完全是由于自己缺乏专业的知识。玛丽亚的丈夫是华盛顿一家商学院的校长，她虽然同意伊丽莎白的说法，却没有说："真不幸，伊丽莎白，你没有机会学习专业课程真是太不幸了！"她也没有告诉伊丽莎白该如何去申请奖学金，或如何向父母请求帮助。她只是简短地告诉她："去读啊！"伊丽莎白果然就去攻读相关专业的课程，后来在事业上有了很不错的发展。

"去读啊"，在困境面前，你需要的只是行动的勇气罢了。当你停止抱怨，停止自怜，不把眼前的障碍当作失败的借口，立刻站起来行动，一切困难和障碍，都会迎刃而解。

有的女士，或许还会把天生的贫穷当作失败最有力的理由。不知这些女士是否知道，美国前总统赫伯特·胡佛曾是爱荷华一名铁匠的儿子，后来又成了孤儿；IBM的创始人托马斯·沃森年轻时曾担任过簿记员，每星期只赚两美元。这些著名的成功人士，都没有认为贫穷是他们的障碍，他们把所有精力都用在工作上面，因此根本没有时间去自怜。

佛斯狄克在其著作中提道："有一句斯堪的纳维亚地区的俗语——冰冷的北极风造就了因纽特人。我们什么时候相信人们会因为舒适的日子、没有任何困难而觉得快乐？刚好相反，一个自怜的人即使舒服地靠在沙发上，也不会停止自怜。反倒是不计环境优劣的人常能快乐，他们极富个人的责任，从不逃避。我要再强调一遍——坚毅的因纽特人是冰冷的北极风所造就的。"

女士们，如果你觉得命运对自己太不公平，请记住下面一句话：苦难是金，不要认为自己一无所有。即使你真的一无所有：长得不漂亮，没有才华，贫穷，没有办法接受教育，或者没有父母的支持，没有朋友，又或者你像海伦·凯勒那样，眼睛看不见，耳朵听不见……即使真的如此，你也拥有苦难、困苦、逆境，要知道，这些东西本身就是财富。

不要让你的精神成了软骨头

亲爱的女士们，勇气和爱情之类的东西一样，绝非开玩笑的事情。它只要屈服过一次，就会一而再，再而三地屈服下去。既然困难同样要在以后加以克服，倒不如趁早解决。人们在思想上总是要比在行动上勇敢一些。虚弱的精神比虚弱的肢体更具危害性，许多品质杰出的人恰恰缺乏这种活力，他们看起来死气沉沉，完全被一种萎靡不振的气氛所包围。你身上有胆量亦有骨气，不要让你的精神成了软骨头。

有很多年轻的作家、艺术家和商人，在他们的职业活动遭到挫折时，就会立刻放弃职业，转而从事完全不适合他们天性的职业。后来，即使对新职业完全失去了兴趣，也只能勉强继续，因为他们怕再跌上一跤，遭到他人的讥笑。

又有许多学医的学生最初非常热忱，但是学到中途就感受到解剖学和化学的辛苦，他们也嫌在实验分析室里见到的可恶景象，便产生了厌恶，最终离开学校，回到家里。因为他们缺乏勇气继续研究，一遇挫折掉头就走，终究做不成一名医生。还有一些年轻人因为一心想做大律师，便进法学院专修法律，但是读到法律上艰深、繁杂的部分，便会完全失望，立刻中止研究，以为自己生来就不是做律师的料。

一些从未出过远门的学生进了大学后，由于思家心切，往往决定退学，回了故里；回家以后，又觉得自己立志不坚，遂生无穷懊悔。他人都已放弃了，自己还是坚持；他人都已后退了，自己还是向前；眼前没有光明、希望，自己还是不懈努力——这种精神，才是一切创造家、发明家和其他伟大人物能够成功的原因。

几年前，我接触过这样一位女士。由于家境富裕，在她的少女时期，她的父母为她提供了良好的成长环境和接受高等教育的机会。但她一心想着日后嫁作人妇，过上安逸享乐的生活，因此并没有在学业上努力用功。

她在学校只上了半年学，因为没有通过学科测试，不得不中途辍学回家。没多久，在父母的安排下，她嫁给了一位小有资产的商人。一开始，她的确过上了衣食无忧的安逸生活：家中的事有仆人打点，她每天把自己打扮得漂漂亮亮，去参加各种酒会Party，有时也在家开茶会，邀请一大堆朋友来喝下午茶，或者让司机开车载她出去逛街，总之，她的日子过得舒适、丰富多彩。

就这样日复一日，她终于开始觉得这样的生活很无聊，恰好在这时，丈夫有了外遇，对她越来越冷淡，紧接着他的生意又遭遇失败，一下子变得负债累累。她忍受不了贫穷的生活，和丈夫离了婚，搬回父母家。从此以后，她一直满腹牢骚，既不出门，也不打扮自己，不去尝试做任何有益身心的事，只是整天在家哀叹自己命运悲惨，日子过得糟糕。

朋友们，当这位愁眉苦脸的女士向我诉苦时，我能说什么呢？她原本有机会实现自己的价值，过上独立自尊的生活，却不愿意付出努力，而在遭遇困境时，又一味逃避、抱怨。

常常有人说："倘使我一开始就努力，即便遇到挫折，但仍旧照着我的志向去做，恐怕已经颇有成就了。"许多人都是在壮志未酬和悔恨中度过晚年，这种悔不当初的懊丧，都是由于他们年轻时的立志不坚，一受挫折便中止了努力。

一个在思想心智上训练有素的人，能够做到在几分钟内从忧愁的思想中解脱出来。但是大多数人不能排除忧愁去接受快乐，不能消除悲观去接受乐观。他们把心灵的大门紧紧封闭起来，虽然费力在那里挣扎，却没什么成效。

我一直都很想告诫一些女士，在沮丧的时候，千万不要着手解决重要的问题，也不要对影响自己一生的大事做什么决策，因为那种沮丧的心情会使你的决策误入歧途。脑中一片混乱、深感绝望，乃是一个人最危险的时候，因为这时，人最易做出糊涂的决策、糟糕的计划。如果有什么事情要决策、计划，一定要等到头脑清醒、心神宁静。

不理会那些不公正的批评

有一次我去访问史密德里·柏特勒少将——就是绰号叫作"老锥子眼""老地狱恶魔"的柏特勒将军。还记得他吗？他是所有统率过美国海军陆战队的人里阅历最精彩也最会摆派头的将军。

他告诉我，他年轻的时候拼命想成为最受欢迎的人物，想使每一个人都对他有好印象。在那段日子里，一点点小批评都会让他觉得非常难过。可是他承认，在海军陆战队里的30年使他变得坚强多了。"我被人家责骂和羞辱过，"他说，"骂我是黄狗，是毒蛇，是臭鼬。我被那些骂人专家骂过，会不会让我觉得难过呢？哈！我要是现在听到有人在我背后议论什么的话，根本不会调转头去看是什么人在说这些话。"

也许是"老锥子眼"柏特勒对批评太不在乎，可是有一件事情是肯定的：我们大多数人对这种不值一提的小事情都看得太过认真。我还记得在很多年以前，有一个从纽约《太阳报》来的记者，参加了我办的成人教育班的示范教学会，在会上攻击我和我的工作。我当时真是气坏了，认为这是他对我个人的一种侮辱。我打电话给《太阳报》执行委员会主席委尔·何吉斯，特别要求他刊登一篇文章，说明事实的真相，而不能这样嘲弄我。我当时下定决心要让犯错的人受到适当的处罚。

现在我却对当时的作为感到非常惭愧。我现在才了解，买那份报的人大概有一半不会看到那篇文章；看到的人里面又有一半只会把它当作一件小事情来看；而真正注意到这篇文章的人里面，又有一半在几个礼拜之后就把这件事整个忘记。

我现在才了解，一般人根本就不会想到你我，或是关心别人批评我们什么话，他们只会想他们自己——在早饭前，早饭后，一直到半夜12点过10分。他们对自己的小问题的关心程度，是比能置你我于死地的大消息的程度的一千倍。

即使你和我被人家说了无聊的闲话，被人当作笑柄，被人骗了，被人从后面刺了一刀，或者被某一个我们最亲密的朋友给出卖了——也千万不要纵容自己只知道自怜，应该提醒我们，想想耶稣基督所碰到的那些事情。他12个最亲密的友人里，有一个背叛了他，而他所贪图的赏金，如果折合我们现在的钱来算的话，也不过19块美金；他另外一个最亲密的友人里，在他惹上麻烦的时候公开背弃了他，还3次表白他根本不认得耶稣，一面说还一面发誓。出卖他的人占了1 / 6，这就是耶稣所碰到的，为什么你跟我希望我们的能力比他更好呢？

我在很多年前就已经发现，虽然我不能阻止别人对我做任何不公正的批评，但是可以做一件更重要的事：我可以决定是否要让自己受到那些不公正批评的干扰。

把这一点说得更清楚些，我并不赞成完全不理会所有的批评，正相反，我所说的只是不理会那些不公正的批评。

有一次，我问依莲娜·罗斯福，她如何处理那些不公正的批评——老天知道，她所收到的可真不少。她有过热心的朋友和凶猛的敌人，大概比任何一个在白宫住过的女人都要多得多。

她告诉我她小时候非常害羞，很怕别人说她什么。她对批评害怕得不得不去向她的姨妈，也就是老罗斯福的姐姐求助，她说："姨妈，我想做一件这样的事，可是我怕会受到批评。"

老罗斯福的姐姐正视着她说："不要管别人怎么说，只要你自己心里知道你是对的就行。"依莲娜·罗斯福告诉我，当她多年后住进白宫时，这一个小小的忠告，还一直是她行事的原则。她告诉我，避免所有批评的唯一方法，就是"只要做你心里认为是对的事——因为你反正是会受到批评的。做也该死，不做也该死"。这就是她对我的忠告。

女士，你当思考后再行动

女士们，我想向你们提出一个设想。

如果医生不经确诊，便草率地决定施行紧急手术，其结果将是如何不堪设想。的确，在这种时刻，直接采取行动自然非常重要，但也必须知道，行动的成或败是基于先前正确的诊断。

在墨西哥州阿尔布奎克，有一位考斯太太，几年前曾为如何妥善安置她生病的母亲和维持家中的开销而伤透脑筋。事情起因于一向给予她经济援助的叔叔打来电话，问她能否节省一些开销，或削减两个护士的薪水，因为他最近经济有点紧张。

对考斯太太而言，这并不是最理想的解决方案。在电话里，她答应叔叔说考虑好就给他回电话，后来，她表达了对叔叔的感激，也表示愿意减轻他的负担。

"由于我善于在纸上思考问题，"考斯太太说道，"因此我拿出一大本活页纸来，将所有的收入列出一张表，包括自己所有的有价证券收入和叔叔给的接济，然后列出所有支出。通过这些表，我发现母亲的衣食支出很少，但有一个支出庞大的大房子，加上两个女护士的薪水，还有税金、保险费等，支出还真挺惊人。显然，这幢房子应该处理掉。

"当时，我唯一的顾虑是，母亲的健康状况越来越糟，我不敢确定搬家对她来说是否妥当。更何况，她曾表示不愿离开那幢房子到别处去度过余生。对这一点，我有些顾虑，不知道该如何办才好，因此，我去请教一位医生朋友，她建议我去找那个离我家很近，行程不过3分钟的一家私人疗养院的女主人。

"这是个仁慈又能干的女人，她答应了我预算之内的费用来照顾我母亲。因此，我最后决定把母亲送到她开的疗养院去。

"事实证明，我这么做还算是比较明智的选择。母亲一直不知道她已搬了家，住进了疗养院，她一直以为自己仍住在家里。我也能天天去看她而不必一周才去一次。母亲受到了更好的护理，叔叔的财务问题得到了解决，我也十分欣慰。

"这个经验告诉我，如果我将遇到的问题列在纸上，好好分析的话，通常都能得到很好的解决。此后，我经常使用这个方法。"

考斯太太只是向我们说明了这样一个道理——只要事前进行详细的分析，通常没有解决不了的问题。如果考斯太太事前没有对事实进行适当的分析就采取行动，她可能会严重危害母亲的福利，更不要说妥善解决财务危机了。

卡瑞尔的奇妙公式

在演讲中，我常常会提到一个有意思的理念——卡瑞尔公式。

卡瑞尔，这是一位很聪明的工程师，他开创了空气调节器制造业，是世界闻名的卡瑞尔公司负责人。他曾总结了一个解决后悔困扰的好方法，这也是我想向女士们分享的观点。卡瑞尔常常会对人说起自己的这段经历：

"年轻的时候，我在纽约州巴佛罗制造公司工作。我必须到密苏里州水晶城的匹兹堡玻璃公司去安装一架瓦斯清洁机，以清除瓦斯燃烧的杂质，使瓦斯燃烧时不会伤到引擎。这种瓦斯清洁方法是一种新尝试，以前只试过一次——而且当时的情况很不相同。我到密苏里州水晶城工作的时候，很多事先没有想到的困难都发生了。

"经过一番调整之后，机器可以使用了，可是效果并不像我们所保证的那样。

"我对自己的失败非常吃惊，觉得好像是有人在我头上重重地打了一拳。我的胃和整个肚子都开始扭痛起来。有一阵子，我担忧得无法入睡。

"最后，出于常识，我想忧虑不能够解决问题，于是便想出一个解决问题的办法，结果非常有效。我这个抵抗忧虑的办法已经使用30多年了，这个办法非常简单，任何人都可以使用。这一方法共有三个步骤。

"第一步，首先毫不害怕而诚恳地分析整个情况，然后找出万一失败后可能发生的最坏情况。没有人会把我关起来，或者把我枪毙，这一点说得很准。不错，很可能我会丢掉工作，也可能我的老板会把整个机器拆掉，使投下去的20000美元泡汤。

"第二步，找出可能发生的最坏情况之后，让自己在必要的时候能够接受它。我对自己说：这次失败，在我的记录上会是一个很大的污点，我可能会因此丢掉工作。即使如此，我还可以找到另外一份差事，事情可能比这更糟。至于我的那些老板——他们也知道我们现在是在试验一种清除瓦斯的新方法，如果这种实验要花他们20000美元，他们还付得起。他们可以把这个账算在研究费上，因为这只是一种实验。发现可能发生的最坏情况，并让自己能够接受之后，有一件非常重要的事情发生了。我马上轻松下来，感受到几天以来所没有经历过的一份平静。

"第三步，从此以后，我就平静地把我的时间和精力，拿来试着改善我在心理上已经接受的那种最坏的情况。我努力找出一些办法，减少目前面临的20000美元损失。我做了几次实验，最后发现，如果我们再多花5000美元，加装一些设备，我们的问题就可以解决了。我们照这个办法去做，公司不但不会损失20000美元，反而可以赚15000美元。

"如果当时我一直担心下去的话，恐怕再也不可能做到这一点。因为忧虑的最大坏处就是摧毁我集中精神的能力，一旦忧虑产生，我们的思想就会到处乱转，从而丧失做出决定的能力。然而，当我们强迫自己面对最坏的情况，并且在精神上先接受它之后，我们就能够衡量所有可能的情形，使我们处在一个可以集中精力解决问题的地位。

"我刚才所说的这件事，发生在很多很多年以前，因为这种做法非常好，我就一直使用。结果呢，我的生活里几乎不再有烦恼了。"

心理学上有一种现象被称为"存肢效应"。即当人的一段肢体（比如手臂或者小腿等部位）因伤病被截去后，在很长一段时间里，人的心理上对那个空落的位置却会有存在感和支配欲望，不愿意承认失去肢体的现实。现实也是如此，一些人对过去的这种留恋，会让他们沉浸在执着之中，不敢也不愿意面对现实，缩在虚幻的世界里。所以，人很容易陷入某种情绪之中，尤其是负面情绪，解决办法之一就是卡瑞尔公式。

卡瑞尔公式之所以有这么神奇的作用，主要是因为它击中了解决忧虑问题的"靶心"。从心理学上来讲，它能够让我们理智思考，让我们不再因为忧虑而盲目探索。它可以让我们接受最坏的情况，这样我们就可以使自己直接面对要解决的问题。

恐惧使人枯萎和贫血

无可否认地，我觉得恐惧是人类最大的敌人。

不安、忧虑、嫉妒、愤怒、胆怯都是恐惧的变种。恐惧会剥夺人的快乐，使许多人变成懦夫，使许多人遭受失败，使许多人陷于卑微境地。恐惧具有使人的生命瘫痪、枯萎的力量。它能使人贫血，能减少身体和精神上的生命力，还能破坏人的意志，灭绝人的勇气，削弱人的思想，使人发挥不出一点创造力。

恐惧形成的原因主要有六种，每个人都会偶尔遭到其中一个或几个形态的折磨，有人若未曾经历这六种恐惧实属幸运。它们依次出现的多寡顺序为：害怕贫穷，害怕批评——大部分忧虑的底层，担心健康，害怕失去某人的爱，害怕年老，害怕死亡。

1. 害怕贫穷

贫穷和财富之间一山不容二虎，走向财富和贫穷的路途背道而驰。如果你想要财富，必须拒绝接受任何引向贫穷的情况，通往财富之路的起点是渴望。害怕贫穷是一种心态，却足以毁掉一个人在任何行业有所成就的机会。应该说，害怕贫穷无疑是六大恐惧的基本形态中最具毁灭性的一种。它位居各种恐惧之首，因为它是最难掌握条理的一种，害怕贫穷源自人们经济上依赖他人的倾向。几乎所有不及人类高等的动物都受制于本能的驱使，他们思考的能力有限，于是他们猎食彼此的肢体。人类具有思考推理的能力，又有直觉的优越感，并不去猎食同类的身躯；而是在"经济上"得到更多蚕食鲸吞他人的满足。人类太贪婪，以至于每一则法律条文，都在保护人类不被自己的同类吞并。

2.害怕批评

人类当初怎么会有这种恐惧，谁也说不上来，但是有一种事是确定的，人类对遭人攻讦的恐惧，各式各样已发展得很完备。

我一直觉得人类之所以害怕批评，应归咎于人类传承已久的天性，促使他不仅掠夺同类的财物用具，还要批评他人的性格，以证明自己的行为是合理的。害怕批评令人丧失动机，扼杀想象力，主要症状为：紧张、缺乏判断力、自卑、缺乏雄心、从众等。

3.担心健康

这种恐惧可以追溯到社会层面和生理层面的传承，至于其起源，则和害怕年老、害怕残废的恐惧息息相关。因为生理不健康会引人走向不可知的"可怕世界"边缘，人类对这个世界的所知，仅限于一些令人不舒服的故事。

人们怕不健康，大致是因为一想到死到临头，深植心中的就是一幅又一幅恐怖的画面。人类怕生病，也是因为怕要花大钱。

4.害怕失去爱

这种心病的起因，显然出自历史上男人的一夫多妻、偷他人之妻，并对此习以为常。嫉妒和其他相仿的精神官能症，则出自男人沿袭已久的怕失去某人爱情的恐惧。害怕失去爱的恐惧，自古就有。男人至今仍然不停偷腥，只是技巧有变。现在他们不用暴力，而用劝服，好说歹说，答应送上名车华服，及诸多较肢体暴力有效的其他"诱饵"。

审慎的研究已显示出，女人较男人易受制于这种恐惧。这个事实也很容易解释，女人从经验中得知，男人的本性是一夫多妻的，不能信赖男人而把男人交给敌手。

5.害怕年老

害怕年老的基本恐惧，有两种合情合理的忧心理由：第一种，来自对同类的不信任，他人可以攫取侵占他所有的俗世财物；另一种则源于心中所描绘的对于死后世界的可怕想象。

对于身体不健康的恐惧，随着年龄增长而日益普遍，也助长了这种害怕年老的恐惧。为免受痛苦，你自己的头脑用"爱"创造了恐惧。

这是一个有趣的启示：所有恐惧的来源不是自我憎恨，或是缺乏自尊——而是"爱"。恐惧只是你的头脑警告你远离可能伤害到自身的情况的建议，而这些情况建立在过去的伤痛之上。要记住，恐惧初来乍到时不是你的敌人，而是你的保护神。但最终它也阻止你享受快乐，破坏了你的梦想，限制了你的自由。

如果有人要你背着降落伞跳出飞机，你就会害怕；但如果让一个专业的空中舞者来做这件事情，他就丝毫不会感到恐惧——只有兴奋。另一方面，如果让跳伞专家在3000人面前即兴演讲，他可能会被吓死；有人则会认为这是一件非常刺激而有趣的事。跳伞与演讲本身没有包含恐惧——是我们每个人将恐惧带入了这些事件当中。

你就是那个决定要把恐惧带来的人。因此，你可以选择你怕的东西，亦可不选。

6. 害怕死亡

对某些人而言，这是所有恐惧中最残酷的一种。

这种恐惧的一般症状如下：谈论死亡，大抵归因于漫无目标，或者没有合适的职业。这种恐惧，在上了年纪的人身上最普遍，但偶有年轻人为之所困。治疗这种恐惧最有力的药方，就是以有效服务他人为后盾的成功渴望，忙得很少有闲工夫去想到死。有时，害怕死亡的恐惧和害怕贫穷的恐惧不无关联，因为贫穷将使身后的家人陷于贫困。另有一些情形，疾病和身体免疫系统的随之瓦解，会使人害怕死亡。最普遍的成因有：健康不良、贫穷、缺乏适当的职业、对爱情失望、丧失心神、迷信宗教。

不指望别人的感恩

如果你救了一个人的生命，你会期望他感激吗？你也许会。可是塞缪尔·莱维茨在他当法官前曾是位有名的刑事律师，使78个罪犯免上电椅。你猜猜看其中有多少人事后致谢，或至少寄一张圣诞卡？我想你猜对了——一个也没有。

耶稣基督在一个下午使十个瘫子起立行走。但是有几个人回来感谢他呢？只有一位。耶稣环顾门徒问道："其他九位呢？"他们全跑了，谢也不谢就跑得无影无踪！让我来问问大家：像你我这样平凡的人给了人一点小恩惠，凭什么就希望得到比耶稣更多的感恩？

人间的事就是这样。人性就是人性——你也不用指望会有所改变。何不干脆接受呢？我们应该像那位最有智慧的罗马帝王马库斯·阿列留斯一样。他有一天在日记中写道："我今天会碰到多言的人、自私的人、以自我为中心的人、忘恩负义的人。我也不必吃惊或困扰，因为我还想象不出一个没有这些人存在的世界。"他说的不是很有道理吗？我们每天抱怨别人不会感恩图报，到底该怪谁？这是人性——还是我们忽略了人性？不要再指望别人感恩了。要是我们偶尔得到别人的感激，就会是一件惊喜；如果没有，也不至于难过。

我认识一位住在纽约的妇人，一天到晚抱怨自己孤独。没有一个亲戚愿意接近她——而我也不怪他们。你去看望她，她会花几个钟头喋喋不休地告诉你，她侄儿小的时候，她是怎么照顾他们的，他们得了麻疹、腮腺炎、百日咳，都是她照看的，她跟他们住了许多年，还资助一位侄子读完商业学校，直到她结婚前，他们都住在她家。

这些侄子回来看望她吗？有的！有时候！完全是出于义务性的。他们怕回去看她，因为想到那几个小时老调、无休无止的埋怨与自怜永远在等着他们。当这位妇人发现威逼利诱也没法叫她的侄子们回来看她后，她就剩下最后一个绝招——心脏病发作。这心脏病是装出来的吗？当然不是，医生也说她的心脏相当神经质，常常心悸。可是医生也束手无策，因为她的问题是情绪性的。

这位妇人要的是关爱与注意，但是我以为她要的是"感恩"，可惜她大概永远也得不到感激或敬爱，因为她认为这是应得的，她要求别人给她这些。有多少人都像她一样，因为别人的"忘恩负义"，因为孤独，因为被人疏忽而生病。他们渴望被爱，但是在这世上真正能得到爱的唯一方式，就是不索求，相反的，还要不求回报地付出。

这听起来好像太不实际、太理想化了？其实不然！这是追求幸福最好的一种方法，我知道，因为我亲眼见到我家庭中发生的状况。我的父母乐于助人，我们很穷——总是窘于欠债，可是虽然穷成那样，我父母每年总是能挤出一点钱寄到孤儿院去。他们从来没有去拜访过那家孤儿院，大概除了收到回信，也从来没有人感谢过他们，不过他们已有所回报，因为他们享受了帮助这些无助小孩的喜乐，并不期望任何回报。

我离家外出工作后，每年圣诞节，总会寄张支票给父母，让他们买点自己喜欢的物品，可是他们总不买。当我回家过圣诞时，父亲会告诉我，他们买了煤、日用品送给城里一个有很多小孩的贫苦妇人。施舍与不求回报的快乐是他们所能得到的最大快乐。我坚信我父亲已符合亚里士多德所说的懂得享受快乐的理想人格。亚里士多德说："理想人会享受助人的快乐。"

要追求真正的快乐，就必须抛弃别人会不会感恩的念头，只享受付出的快乐。

为人父母者总是怨恨子女不知感恩。即使莎剧主人翁李尔王也不禁叫道："不知感恩的子女比毒蛇的利齿更痛噬人心。"但是如果我们不教育他们，为人子女者如何会知道感恩呢？忘恩原是天性，它像随地生长的杂草。感恩却有如玫瑰，需要细心栽培及爱心的滋润。假如子女们不知感恩应该怪谁？可能该怪的就是我们自己。如果我们总是不教导他们向别人表示感谢，怎么能期望他们来谢我们？

我认识一位住在芝加哥的朋友，在一家纸盒工厂工作得很辛苦，周薪不过40美元。他娶了一位寡妇，她说服他向别人借了钱送她第二个前夫的儿子上大学。他的周薪得用来支付食物、房租、燃料、衣服及欠款。他像奴隶似的苦干了4年，而且从不埋怨。

有人感谢他吗？没有，他太太认为是理所当然的；那两个儿子自然也是一样，他们一点也不感到对这位继父有任何亏欠，即使只是一声道谢。

这怪谁呢？这两个儿子吗？也许！但是这位母亲不是更不该吗？认为这两个年轻的生命不应该有这种义务的负担，她不要她的儿子由"负债"开始他们的人生。所以她从没想到要说："你们的继父资助你们念大学，多好的人啊！"相反的，她的态度却是，"那是他起码应做到的。"她认为没有加给他们任何负担，可是实际上，她让他们产生了一种危险的认识，认为这个世界有义务让他们活下去。果然后来，有一位男孩想向老板"借"点钱，结果身陷囹圄。

我们一定要记住，孩子是我们造就的。举例来说，我姨母从来不抱怨儿女不知感恩。我小的时候，姨母把她母亲接去照料，同时也照料她的婆婆。我现在仍记得两位老人家坐在壁炉前的情景，她们有没有麻烦我姨母？我想一定很不少，但是你从她的态度上一点也看不出来。她真的爱她们，向她们嘘寒问暖，使她们感受到家的温暖。而她自己还有6个子女，可她从不觉得自己做了什么伟大的事。对她来讲，这一切只不过是再自然不过的事，是正确的事，也是她愿意做的事。

我这位姨母已经孀居了二十几年，她的6位成年子女都欢迎她，希望她到他们家去一起住。她的子女们对她钟爱极了，从不觉得厌烦。是由于"感恩"吗？当然不是啦！这是真正的爱！这几位子女从孩童时代就生活在慈善的气氛中，现在需要照顾的是他们的妈妈。他们回报同样的爱，不是再自然不过了吗？

女士们，让我们不要忘了，要想有感恩的子女，只有自己先成为感恩的人。我们的所言所行都非常重要。在孩子面前，千万不要诋毁别人的善意，也千万别说："看看表妹送的圣诞礼物，都是她自己做的，连一毛钱也舍不得花！"这种反应对我们可能是件小事，但是孩子们却听进去了。因此，我们最好这么说："表妹准备这份圣诞礼物，一定花了不少时间！她真好！我们得写信谢谢她。"这样，我们的子女在无意中也学会养成赞赏、感谢的习惯了。

问自己十个问题，每天都是新的

亲爱的女士们，如果你想走出常规，放松心情，以积极的心态开始新的一天，那就很有必要问自己十个问题，这些问题会给我们带来力量和好心情。

1.我拥有什么

通常我们会为自己没有的东西而苦恼，却看不到自己拥有的，例如，健康——可以听、可以看、可以爱与被爱，每天拥有食物供我们享用等。正如那句口口相传的话——"失去了才知道珍贵"。让我们走出哀怨，这样就可以让我们看到什么是自己拥有的。

2.我应该为什么感到自豪

我们可以为自己已经取得的成绩而自豪，成绩不分大小，每一次成绩都意味着向前迈了一步。你可以为你刚刚战胜的一个挑战感到骄傲，可以为你帮助了一个陌生人而感到幸福，可以为帮助了一个朋友而露出微笑，也可以为结识了新朋友或读了一本新书而高兴。总之，所有的一切都值得你自豪。

3. 我应对什么心存感激

每天都有很多事情让我们为之心存感激，同时也有很多人值得我们感激，因为他们在无形中教会了我们一些事情。生活的每一天，对于我们来说都是一份珍贵的礼物。

4. 我怎样才能充满活力

每天都要计划好做一些积极的事情，让自己充满活力。例如，可以给那些一直以来都很欣赏，却很久未联系的人打电话，或者留出时间和孩子玩耍等。

5. 我今天能解决什么问题

设法把那些想留到明天解决的问题在今天就解决掉，尽量在当天完成手边的工作，要敢于面对那些棘手的问题，并换一种角度看待它们。

6. 我能抛下过去的包袱吗

"过去的包袱"就是指那些常年积累起来的伤心的经历和怨气。背着这些沉重的包袱有什么用呢？建议你对过去做一个总结，把值得借鉴的经验保存起来，然后永远地卸下重负。

7.我怎么换个角度看待问题

人往往都是别人的建议者，却不是自己的。很多时候，根本问题就是我们看待问题的方式。很多人都经历过为一件事苦恼不堪，然后又觉得可笑的时候。好与坏、悲和喜，只是我们看问题的角度不同而已。

8.我怎样过好今天

要过好今天，我们就应该尝试着做些与往常不一样的事情。如果我们走出常规，学会享受生活，那么生活就是丰富多彩的。我们要敢于创造和创新。

9.今天我要拥抱谁

拥抱是我们的精神食粮。曾经有一位心理学家说过，要想健康，每天要至少拥抱8次。身体接触是人最为基础的要求，它甚至可以帮助我们开发大脑。

10.我现在就开始行动

其实，每天的生活都不是你想象中的样子。是让生活过得索然无味，还是积极向上，决定权在自己手中。从现在开始，行动起来，努力过上幸福的生活，你就不会失去什么。

没有人会踢一只死狗

1929年，美国发生一件震动全国教育界的大事，使得美国各地的学者都赶到芝加哥去看热闹。在几年之前，有个名叫罗勃·郝金斯的年轻人，半工半读地从耶鲁大学毕业，他做过作家、伐木工人、家庭教师和卖成衣的售货员。现在，只经过了8年，他就被任命为美国第四有钱的大学——芝加哥大学的校长。他有多大？30岁！真让人难以相信。老一辈的教育人士都大摇其头。人们对他的批评就像山崩落石一样一齐打在这位"神童"的头上，说他这样，说他那样——太年轻了，经验不够——说他的教育观念很不成熟，甚至各大报纸也参与了攻击。

在罗勃·郝金斯就任的那一天，有一个朋友对他的父亲说："今天早上我看见报上的社论攻击你的儿子，真把我吓坏了。"

"不错，"郝金斯的父亲回答说，"话说得很凶。可是请记住，从来没有人会踢一只死了的狗。"

不错，这只狗愈重要，踢它的人愈能够感到满足。后来成为英王爱德华八世的温莎王子（即温莎公爵），他的屁股也被人狠狠地踢过。当时他在帝文夏的达特莫斯学院读书——这个学校相当于美国安那波里市的海军官校，温莎王子那时候才14岁。有一天，一位海军军官发现他在哭，就问他有什么事情。他起先不肯说，但最终还是说了真话：他被军校的学生踢了。指挥官把所有的学生召集起来，向他们解释王子并没有告状，可是他想知道为什么这些人要这样虐待温莎王子。

大家推诿拖延又支吾了半天之后，这些学生终于承认说：等他们将来成了皇家海军的指挥官或舰长的时候，他们希望能够告诉人家，他们曾经踢过国王的屁股。

大概很少有人会认为耶鲁大学的校长是一个庸俗的人，可是担任过耶鲁大学校长的摩太·道特，却责骂一个竞选了总统的人。"我们就会看见我们的妻子和女儿，成为合法卖淫的牺牲者。我们会大受羞辱，受到严重的损害。我们的自尊和德行都会消失殆尽，人神共愤。"

这听起来很像对希特勒的痛责，是吗？其实不然，这是对托马斯·杰斐逊进行的公开抨击。也许你会问，是哪一个杰斐逊？难道是那个《独立宣言》的起草者，民主政体的守护圣徒托马斯·杰斐逊？不错，那人攻击的正是这位杰斐逊。

你知道哪一个美国人被骂为"伪善者""骗子"或是"比杀人凶手稍微好一点的人"？有份报纸的漫画描述这个人站在断头台前，台上的大刀正预备砍下他的头。当他被载往行刑处的时候，群众对着他叫骂。这个人是谁？是乔治·华盛顿。

但这都是很久以前的事了，也许现在人性已经改进不少。让我们看看下面的皮尔利将军的例子。

皮尔利是个探险家，1899年4月6日，他用狗拉着雪车到达北极，举世震惊。几个世纪以来，北极探险一直是各路英雄的目标，却无人写下纪录，反而因受伤、饥饿而丧生的人不少。皮尔利本人也差点死于严寒和断粮，他有8个脚趾因冻坏而不得不锯掉，另有好几次因无法克服气候上的骤变而几乎精神崩溃。由于皮尔利声名大噪，广受群众欢迎，导致华盛顿的几个海军高级长官对他不满而排挤他。他们指控皮尔利为科学研究募集捐款是"招摇撞骗、一事无成"的勾当。这些人可能相信皮尔利真如他们所指控的，人一旦想相信某事，就很难再让他们不信。他们极力诽谤皮尔利，阻止他的研究工作。最后还是麦肯利总统直接过问，才使皮尔利的工作得以继续下去。

假如皮尔利当时只在华盛顿的海军部办公，他会遭到如此无情的攻击吗？当然不会，因为他的重要性还不足以引起旁人的妒意。

格兰特将军（后成为美国第十八任总统）的遭遇更坏。1862年南北战争时，格兰特的军队在北方赢得第一次大胜利——那一次大胜利使格兰特一夕之间成为全美崇拜的偶像，那一次大胜利使远方的欧洲都震惊不已，而且使缅因州到密西西比河岸边的教堂钟声和庆祝营火不断。可是，6个星期还不到，这位北方英雄格兰特将军就成了阶下囚，军队也解散了，他只有带着羞辱和绝望，空自悲叹。

为什么格兰特将军会在胜利的高潮时被逮捕？大概是因为他的胜利引起某些长官的妒意吧！

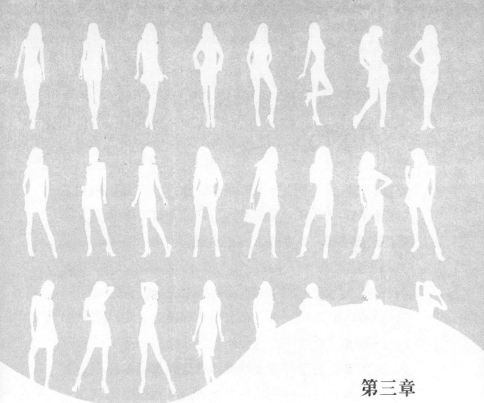

第三章

气场女人：你远比想象的更强大

女性，温柔的女性，当强烈的感情激起你的勇气，你还有什么不敢做的？

——骚塞

力量来自哪里

我曾不止一次地向女性朋友们强调，我们有时感觉实现不了自我突破，其实是因为自己将自己困在了自我设置的局限中，不能摆脱固定的模式，无法超越自己惯有的思维。其实，只要我们能放开自己，灵活一些，突破自我设置的局限，就能激发内心的潜能，实现自我飞跃。

不管环境怎样，也不存在无法解决的问题，因为每个人的内心，都潜伏着巨大的力量。这些力量，只要你能发现并加以利用，便可以帮你得到向往的东西。一部分学者称我们心中内在的否定声音为"意志干扰"，其实这种内在的不同意见可以影响我们的重要判断，这样才能想出更多可行的方案。我们不经意地自我设限，无意识间便趋同所谓一般合理标准，因此更多潜能被我们自己压抑住了。

世界上有无数庸庸碌碌的人，但在这些人的体内同样有着巨大的潜能，只要能够激发他们体内的一小部分潜能，就可以使他们成就伟大的、神奇的事业。

这种封锁在人们体内的极大内在力量能够创造奇迹。比如，当有人遇到某种意外或灾祸时，他的亲人会奋不顾身地去救他，瞬间突破身体极限发挥巨大的力量，或者超人般的速度。实际上，每个人都具有潜在的英雄品格，而意外和灾祸不过是催化剂，使人有了显露体内潜能的时机，但是，我们在灾祸临头时做出的令人惊叹的事情在日常生活中却再不能做到。

我记得心理学上有这样一个实验：

一个体力平常的人在被催眠以后，有人把他的头和脚搁在两只椅子的边上，身体悬空，这时让六七个人站在他身上，他竟能支撑得住。如果在他身上搁一块木板，让一匹马站上去，他竟然也能支撑得住。这都是人的内在力量被激发后造成的奇迹，因为在正常状态下，一个人的体力绝不能支撑1000多磅的重量，但是在催眠状态下，他竟然毫无困难地做到了。

那么，他能做出这样的事情，力量来自哪里呢？

当然不是来自催眠师，催眠师的作用仅在于把被催眠者的力量从身体里激发出来。这力量不是来自外部，而是来自他身体里面的潜能。

从这个实验可以看出，人体存在着巨大的内在力量，所以人人都有能力做成不朽的事业。而一切真实、友爱、公道与正义，也都存在于这内在的力量中。但是这种力量不会轻易地使用出来，在我们头脑恢复意识之后，仿佛给潜能上了一道枷锁，将他们牢牢地限制在体内。

心理学家认为多数人常常忽略体内的那些巨大的潜在力量，如果这种潜力能够被唤醒，就能做出种种不可思议的事情。然而大部分人好像都不明白这一点。诸如某些病人在病势垂危、呼吸困难时，当听见医师或亲友一席热烈恳切的安慰话后，竟然会起死回生，而推翻医生所做的正确判断，这样的事情我们不难听说。很多时候，患病的人之所以不治身亡，首先是因为病人失掉了对生命的执着追求。

这种力量一旦被唤醒，即便在最卑微的生命中，也能像酵素一样，对身心起发酵净化作用。有些时候，人有机会看到自己的内在力量，比如失去一个爱友，或者读了一本富有感染力的书，或者朋友们的真挚鼓励。无论用何种方法，通过何种途径，一旦激起内在力量后，你的行为会异于从前，变得更有作为。

一个立足于诚实、公道、正义原则的人，即使全世界的人都反对他，他终能屹立在世界上，绝不动摇。林肯之所以对世界有这么伟大的影响力，不仅在于他的种种天赋和才华，更是由于他能把公道、正义等原则当作他安身立命的基础。

如果一个人能同自己那永不死亡、永不败坏的高贵精神相和谐，他便能发挥最大的能力，获得无上幸福。但许多人并不知道深入自己的意识，开发那些供给身体力量的源泉，因此，他们的生命往往枯燥而毫无生气。如果我们能深入到自己内在力量的深处，就可以寻得生命的源泉，这种源泉会取之不尽，用之不竭。

我们大多数人实际上都比我们所认为的更坚强。我们有很多也许从来没有发现的内在力量，就像梭罗在他不朽的名著《狱卒》里所说："我不知道有什么比一个人能下定决心改善他的生活能力更令人振奋了……要是一个人，能充满信心地朝他理想的方向去做，下定决心过他想过的生活，他就一定会得到意外的成功。"

做命运的女王

每个人都要接受生活的考验和筛选，女士，假如你以为身为女人，要受到的考验和筛选会少一点，那就错了。女人同样要面对成功和失败，同样会面临无法抉择的困境，同样会受到命运的驱使和玩弄，正因如此，她们才能从幼稚的少女逐渐成长为成熟的女性。

一位成熟女性，内心坚韧而强大，能够用自己的力量应对和化解生活中不断到来的失败与挫折，能够不断追求更好的自己，她们是自己人生的主宰，是命运的女王！

我要向下面这位女性表达我诚挚的敬意。这位女性名叫乔安娜，她是我教过的一位学员，她身材瘦弱，却总是精力充沛；她的人生境遇充满坎坷，但她从来都不向命运屈服，在我心目中，她是真正的命运的女王。就让我详细地讲一讲她的故事吧。

乔安娜出生于印第安纳州一个穷苦的贫民家庭，从小父母对她的要求就是，找个过得去的男人嫁了。但她对嫁人丝毫不感兴趣，少女时的她很好学，非常喜欢读书，可惜读完九年级，她的父母便坚决不让她再读下去，并向她表明，家里没有闲钱再供她读书了。乔安娜很沮丧，但她并没有就此放弃，她去学校找到她的老师，向他说明情况。我猜那位老师被她好学的精神打动，或者被她坚毅的眼神吸引，总之，他最终答应帮她，他为她向学校申请设立了一项特别奖学金。这样，乔安娜重返校园，由于不花一分钱就能去学校念书，她的父母也不再反对。

靠着奖学金念完高中，在此期间，乔安娜一直挣扎在贫穷的生活里，因为除了奖学金，她完全没有经济来源，她的母亲恰好在这时生了重病，父亲的工作又丢了，无法给她提供任何金钱援助。她只好一边读书，一边给人兼职干活，赚取生活费，甚至还要从微薄的收入中拿出一部分，用作母亲的医药费。她每天上课、学习、工作，非常忙碌，几乎没有多少时间睡觉。

我想，一般的女孩很可能受不了这样的生活，她们会觉得，女孩子根本没必要这样辛苦，找个男人嫁了，不是会轻松得多吗？但乔安娜不这样认为，"找个男人嫁了？"她后来对我说，"的确，当时我如果嫁了人，至少在生活上不会这么吃力，但那个时候的我能嫁一个什么样的男人？很可能跟我的父亲差不多，没读过书，干体力活，脾气暴躁，每天工作完就去酒吧喝上一杯，回来教训一下孩子，倒头就睡。我不愿意像母亲一样认命，就这样过一辈子。"

你们也许已经猜到了结局，如今，乔安娜定居纽约，刚刚升任一家大企业的高级管理层，并得到了纽约分公司的经理职位。她嫁给了一位事业有成的商人，生下一对可爱的儿女。前不久，她的儿子赴欧洲留学，将来准备继承父亲的事业，而她的女儿，擅长绘画，已经在纽约的校园艺术圈小有名气。我不愿再向你们赘述乔安娜的职业奋斗历程，相信大家都能想象得到，这样一位内心强大的坚毅女性，会如何面对困难。没错，她不畏惧任何困境，不逃避任何打击，她咬着牙，艰难地走过人生最辛苦的时期，把自己锻造得出色而优秀，最终换来命运的垂青。

假如她一开始就认命，哪还会有今天的乔安娜呢？

写到这儿，也让我想起了一则欧洲的老寓言：在意大利威尼斯城的小山上，住着一位智慧老人，他能回答任何人的问题。当地的两个小孩想要愚弄一下这位老人，他们捉了一只小鸟就去找他。见到智慧老人，一个小孩手里握着那只小鸟就问："您是无所不知的智慧老人，那您知道吗，我手上的小鸟，是死的还是活的？"老人不假思索地说："孩子，如果我说鸟是活的，你就会攥紧你的小手把它捏死；如果我说鸟是死的，你就会把手松开让它飞走。你知道，你的手掌握着这只鸟的生死大权。"

这个故事不带丝毫渲染，但它给了我们一个伟大的启示：我们的命运就掌握在自己的双手之中。数以百万

067

计的人相信自己注定要贫穷和失败，因为他们相信，有一些奇异的力量是无法控制的。其实，他们就是自己"不幸"的制造者，他们并非没有改变命运的机会与能力，恰恰相反，他们缺乏的只是面对挑战的强大内心。

我知道生活中，很多女性对占卜一事情有独钟，应当说，她们中热衷算命的人实在太多了。只要聊起算命的话题，一定兴致盎然。甚至，很多受过教育、有生活能力的女性，将自身的命运，连带爱情和婚姻一概归诸偶然和机遇。比方说，自己从事何种行业、嫁什么丈夫、多大岁数结婚和是否会离婚，她们通常都依算命结果来行事，这实在是太荒唐了。

我们知道有人过着真正自由的生活，但并不是因为她富有，也不是因为她有个好伴侣，更不是因为有什么魔力能保证她把自己生活中的任何事都做好。而是因为这种人拥有一种比最贵重的珠宝还有价值的礼物：她是自己命运的女王。

创造力，是女性魅力的源泉

《成功的小子》一书的作者贝莉·费德门谈到她早年所接受的艺术训练情形：

"念小学时，有一次艺术课的家庭作业是将一张名画贴到厚纸板上。上课时，老师没有提到那张画，只清楚地交代边缘要留多少空白，并且以此为标准打分数。上高中后，我痛恨艺术课，要我选修艺术，门儿都没有。大家都认为我没有创造力，我也自暴自弃。"

那时候，我不明白有无创造力的区别。其实，只是前者在成长过程中认为自己深具创造力，而后者没有罢了，创造力是指别人所没有过的想法或做法。在讨论创造力时，我们通常会想到伟大的艺术家的成就，如凡·高的画、莫扎特的音乐、莎士比亚的剧作。这些大师的非凡成就，并不表示我们缺乏创造力。但是，我们的生活似乎与本身的创造力愈来愈脱节。

我想告诉那些追求创造力的女士，在人的一生中，无论何种情形，你都要不惜一切代价，走入一种可能激发你潜能的气氛中，可能激发你走上自我发达之路的环境里。努力接近那些了解你、信任你、鼓励你的人，这对于你日后的成功，具有莫大影响。你要接近那些努力在世界上有所表现的人，他们往往志趣高雅，抱负远大。接近那些坚决奋斗的人，你在不知不觉中便会深受他们的感染，养成奋发有为的精神。

我觉得几乎所有人都只发挥了其能力的15%。不能发挥其余85%的能力的原因在于恐惧、不安、自卑、意志薄弱及罪恶感。综合起来，可以说是"与外界的不调和"，因为不能包容外界环境，等于是替自己的能力踩了刹车。

一位著名的芝加哥商人，谈论起自己在生意上的成功时说："花费一周的时间去拜访国内的同行业商店，有助于获得新观念、新方法。"这位商人也承认，他并没有高出同行多少智慧，就才能而言，某些方面还不及同行，但他有一套独特的管理经验。他每年总要出外旅行一次，去考察各家商店的管理法和经营法。他说，每次旅行回来，总使他觉得自己的商店与他旅行以前的时候不一样了。经营上的小缺点、店员的小疏忽，以前不曾注意到的问题，旅行回来后都被他发觉了。于是，为进一步完善管理，他便会进行店务方面的革新。伴随革新措施的实施，他经营的事业又有了新气象。

住在俄克拉荷马州的一位年轻女士是我训练班的一名学员，她把自己如何突破习惯束缚的经过告诉了我：

"我先生和我都是电视迷，每天傍晚一下班回家，便立刻打开电视，然后一边吃速食餐，一边看电视，直到就寝时为止。我们很少去拜访亲朋好友或阅读书报，或到外面去参加各种活动。因为一想到就要因此错过某某电视节目，活动便自然取消了。假如有人来拜访我们，我们也常常心不在焉，只盼望赶快回到电视机前。一天，我和几个老朋友一道吃午餐，发现自己很难和他们打成一片，因为他们所谈的话题我都不清楚。我很少到别的地方去，也很少阅读什么报纸杂志，我几乎很少做其他事——除了每天看电视，没有其他嗜好。

"我回去和丈夫提到这个情形，并告诉他，我们得想办法把这个习惯改掉。他表示同意，我们便开始计划要如何进行。我们先报名参加某些成人教育的晚间课程，也开始学习打保龄球；我们到朋友家拜访，或到图书馆借书来看，并大声念出来给大家听。我实在很高兴终于摆脱了坏习惯，也开始有了许多新颖的思维方式。这无论是对工作或婚姻，都大有帮助。我们的生活变得更丰富，与他人的关系也更亲密。"

亚力斯·奥斯卡所著的《你的创造力》及《运用想象力》帮助许多人培养了具有创意的思考能力，促成了很多积极的、建设性的行动。

奥斯卡使用的工具，也同样是笔记簿和铅笔，灵感出现时，立刻记下来。他说："每个人都有相同的创造力，大多数人却不会运用。"

奥斯卡在《运用想象力》中提到的脑力激荡，被普遍运用在大学课堂、工厂、企业办公室、教堂、俱乐部及家庭之中。脑力激荡的方法非常简单，只要有两三个人，他们互相批评或反驳，等到会后再逐一评估每个建议的可行性，这样就能找到最好的解决问题的办法。

创造力的答案是创新的、独特的、与众不同的或是更好的做事方式。我们喜欢的定义则是"新而且有用的"。具有创造力是指能使原有工作产生新的目的或意义，发现新的用途，解决既有的难题或增加事物的新价值。因此，一个有创造力的家庭主妇，和一个有创造力的作家并无不同。基于复杂而独特的遗传个性及不同的生活体验，每个人都像雪片一样各有特色，这种差异性就是创造力的基础。每个人都有独特的表达方式、不同的才能、不同的经验及诠释方法。

信心是所有"奇迹"的基础

一位名人曾经这样说："对你自己要有信心。"信心是所有"奇迹"的基础，也是所有无法以科学法则加以分析的神秘事物的基础。

我想对女士们说，每个人都不可避免地会有长处和短处，可是生活中的大多数人往往只记得自己不能做什么，记得自己的短处，却不记得自己的长处。更多时候，他们根本不相信自己可以控制自己，而习惯于把责任推诿给一些不可控制的外在因素。

一位心理学者曾在一所著名的大学挑选了一些运动员做实验。他要这些运动员做一些别人无法做到的运动，还告诉他们，由于他们是国内最好的运动员，因此他们能够做到。

这些运动员分为两组，第一组到达体育馆后，虽然尽力去做，但还是做不到。第二组到达体育馆后，研究人员告诉他们，第一组已经失败了，并对他们说："你们这一组与前一组不同，我们研制了一种新药，会使你们达到超人的水准。"结果，第二组运动员吃了药丸后，果然完成了那些困难练习。事后，研究人员才告诉他们，刚才吃的药丸，其实是没有任何药物成分的粉末做的。如果你相信自己能做到，你就一定能做到。第二组运动员之所以能完成这些困难的练习，是因为他们相信自己一定能够做到。

这就是积极的心理暗示所产生的效果。

我们无时无刻不在展现自己的心态，无时无刻不在表现希望或担忧。我们的声望以及别人对我们的评价，与我们的成功有很大关联。如果别人不相信我们，如果别人因为我们的思想经常表现出消极软弱而认为我们无能和胆小，那么，我们将不可能被提升到一些责任重大的高级职位上去。

如果我们展示给人的是一种自信、勇毅和无所畏惧的印象，如果我们具有那种震慑人心的自信，那么，我们的事业必定会获得巨大成功。如果我们养成了一种必胜的信心，人们就会认为，我们比那些丧失信心或软弱无能、自卑胆怯的人更有可能赢得未来。换句话说，自信和他信几乎同等重要，而要使他人相信我们，我们自身首先必须展现自信和必胜的精神。以胜利者和征服者心态生活在世界上的人，与那种以卑躬屈膝、唯命是从的被征服者心态生活的人，或者与那种仿佛在人类生存竞赛中遭到惨败的人相比，是有很大区别的。

将西奥多·罗斯福这样每个毛孔都热力四射总给人以朝气蓬勃、能力超凡的印象的人，与那种胆小怕事、自卑怯懦或者软弱无能、缺乏勇气与活力的人比较一下吧！他们的影响力有如此巨大的区别！世人都珍爱那种具有胜利者气概的人，那种必胜信心的人和那种总是在期待成功的人。

总的来说，亲爱的女士们，我想要表达的就是一句话——令人信服和给人以充满活力的印象正是我们身上那种神奇的自我肯定的力量，如果你的心态不能给你提供精神动力，那么，你就不可能在世上留下一个积极者、建设者的美名。

一些人总是奇怪自己为什么在社会中如此卑微，如此不值一提，如此无足轻重，其中的原因就在于他们不能像征服者那样思考、行动。他们没有建设者、胜利者或征服者的心态，他们总给人以软弱无力的印象。

赛利曼博士是一位著名的心理学家。他花了20多年的时间，找了10000多人做一些心理实验，实验的结果显示：缺乏自信的人往往会自怨自艾而生出病来，有些严重的甚至会导致死亡。

赛利曼还利用一件悲剧来证明他的理论：

一家铁路公司有一位调度员尼克，他工作相当认真，做事也尽职尽责，不过他对人生很悲观，常以否定的态度去看这个世界。

有一天，铁路公司的职员都赶着去给老板过生日，大家都走得十分匆忙，没有注意到尼克竟被关在一个待修的冰柜里面。尼克在冰柜车里拼命地敲打、叫喊，可是全公司的人都走远了，根本没有人听到。尼克的手掌敲得红肿，喉咙叫得沙哑，最后只得颓然地坐在地上喘息。他愈想愈可怕，心想：冰柜里的温度只有华氏0度，如果再这样下去，一定会被冻死。尼克感觉气温在下降，愈来愈冷，他明白，这样下去，肯定会没命的，他只好用冻得僵硬的手写下一份遗书。

第二天早上，公司的职员陆续来上班。他们打开冰柜，赫然发现尼克倒在里面。他们将尼克送去急救，但他已没有生命迹象。医生诊断尼克是被冻死的，但大家都很惊讶，因为冰柜里的冷冻开关并没有启动，这巨大的冰柜里也有足够的氧气，更令人纳闷的是，冰柜里的温度一直是华氏61度，但尼克竟然给"冻"死了！

其实尼克并非死于冰柜的温度，而是死于自己心中的冰点。他已经给自己判了死刑，又怎么能够活下去呢？

赛利曼博士进一步指出，这件事例表明：有无自信心有时关系到我们的生命安危。

女士们，如果你认为自己无望又无助，那么毫无疑问，你就是那个样子了。如果你认为自己既有能力，又有效率，你也真的会成为那样。一种想法注定了失败，另一种想法则可以引领你迅速达到成功。恰似一句谚语所说：你可以认为自己是正确的，也可以认为自己无能为力，这两种想法都是正确的。

我要对你们说，我们有必要建立起自信心，让我们的思想为我们服务，最大限度地发挥我们的潜能，创造辉煌的事业。

要建立自信心，首先必须准确地了解自信。美国心理学家托马斯·哈里斯在《保持自信》一书中认为，每个人在人格发展的过程中都会面临"我不行——你行""我不行——你也不行""我行——你不行""我行——你也行"这四种基本的人生态度。其中，"我不行——你行"，是认为自己不行别人行，这是典型的缺乏自信的表现；"我不行——你也不行"，显然不是自信，而是对别人的敌意，是对自己缺乏自信的掩饰；"我行——你不行"，貌似自信，实质上是自负的表现。它建立在唯我独尊的意识上；"我行——你也行"，这是一种真正的自信。这种自信建立在既相信自己、又相信别人的认识上，具有积极的意义。

其次，学会自信，必须模仿自信行为。在现实生活中，许多人的自信都可以作为我们模仿、学习的榜样。美国短跑运动员威尔玛·鲁道夫，小时候患过小儿麻痹症，可是经过刻苦训练，他把"不及人之处"练成"过人之处"，在1960年罗马奥林匹克运动会上获得了短跑第三名。希腊有个叫狄蒙斯恩的人，小时候口吃，但经过刻苦训练，后来成为有名的演说家。他们都是通过自信与刻苦磨炼把自己的"弱点"转变成超过他人的"强点"。

女士们，现在就让我们看看这些诀窍，相信你也会从中确立对自己的信心，并开始萌生一股新的力量。

（1）在心中描绘一幅希望自己达成的成功蓝图，然后不断强化这种印象，使它不致随着岁月流逝而消退模糊。此外，相当重要的一点是，切莫设想失败，亦不可怀疑此蓝图实现的可能性，因为怀疑将会对实现梦想构成危险性的障碍。

（2）当你心中出现怀疑本身力量的消极想法时，要驱逐这种想法，必须设法发掘积极的想法，并将它具体说出。

（3）为避免在你成功的过程中构筑障碍物，对可能形成障碍的事物最好不予理会，忽略它的存在。至于难以忽略的障碍，就下番功夫好好研究，寻求适当的处理良策，以避免其继续存在。彻底看清困难的实际情况，切勿夸张，使其看来愈加困难。

（4）不要受他人影响而试图仿效他人。须知唯有自己方能真正拥有自己，任何人都不可能成为另一个自己。

（5）每天重复说10次这段强而有力的话："谁也无法阻挡我成功。"

（6）寻找对你了如指掌，且能有效提供忠告的朋友。你必须了解自己自卑感或不安感的所在。虽然这问题往往在少年时期便已发生，但了解它的来源将使你对自己有所认知，并帮助你获得援救。

（7）每天大声复诵这句话10次："虔诚的信仰给了我无穷的力量，凡事都能做。"这句话对于治疗自卑感而言称得上是有效的良方。

（8）正确评估自己的实力，然后多加一成，作为本身能力的弹性范围。当然，切忌形成本位主义，但是适度地提高自信心也是相当重要的事。

历代的宗教家老是训斥挣扎的人们，总是直接地要求人们去做什么，但是宗教家一直没有告诉我们该怎么拥有信心。给自己心理暗示，告诉自己要信心十足。我在这儿给大家说一些自己的心得。

对自己要有信心，对于无边无际的大智也要有信心。你必须记得：

信心是"永恒的万灵丹"。

信心能赋予思考动力、生命、力量和行动。

信心是所有累积财富途径的起跑点。

信心是所有"奇迹"的根底，也是所有科学法则分析不来的玄妙神迹的发源地。

信心是失意落魄的唯一解毒验方。

信心一旦结合了祈祷，便成了一个人与宇宙大智直接沟通的触媒。

信心是人类有限心智转化为精神力量的主要因素。

信心是人类驾驭宇宙无穷大智的唯一管道。

勇气是可以培养的

我和我的助手，曾经对怎样培养勇气这个题目做了广泛而深入的研究，我们研读了古今有关伟大男女人物的生活情形的书籍。我自己也和很多著名人物讨论他们如何克服困难以达到目标，像罗斯福总统夫妇、查尔士·舒瓦布、无线电报发明者马可尼、海伦·凯勒以及其他很多著名人物，都对我说了他们如何克服困难，获得勇气，最终获得成功的体会。

在一次广播节目中，主持人问我："除了鼓励人发表谈话，还有什么其他方法可以培养一个人的勇气？"我对他说："有一件事情是可以肯定的，那就是勇气是花钱也买不来的，培养出真正的勇气就像你锻炼出强壮有力的手臂一样。你知道，就算你有洛克菲勒加上亨利·福特的财富，你也不能够跑到健身房去用钱买一双强壮有力的手臂。但是你砍柴、打沙包，就可以锻炼出强壮有力的手臂。同样的道理，你只要多多运用勇气，就可以培养出勇气。"

培养勇气的第一步，就看一个人对所畏惧的事物的态度。我们应该记住古代罗马皇帝和哲学家马卡斯·奥里欧斯的格言："我们的生活是什么样子，由我们的想法来决定。"如果态度是建立自信的基础，决心就是把态度坚定地纳入生活的技巧。我常在自己写的书中、演说中、私人咨询中，以及在班上把这种说法提出来：

"如果我们当真要改进自己，我们就必须养成新的习惯。我们的生活、性格不过是习惯的累积，我们的习惯就是我们自己。"

瓦希·杨在一次广播访问节目中，对我说了他的故事，那时候他已经是全美最成功的保险推销人之一，也是全世界收入最多的推销员之一，他还写了五本书，其中四本更成了畅销书。

杨对我说，他过去贫穷，没有受过教育，他说他曾经想从旅馆的窗口跳出去自杀，他说："我喝了很多威士忌酒，想鼓足勇气跳出窗子。但是我喝得太多了，忘了去跳窗。第二天早上醒来，我的情况更狼狈。"

这种情形使杨重新评价他的生活。他说："假设你有一个原来想制造冰激凌的工厂，结果你发现它没有生产出冰激凌，竟然生产出碳酸来，那你要采取什么行动？瓦希·杨，你有一个思想的工厂，它在你心里面。你拥有这家工厂，你可以主宰这家工厂。但是，你主宰这家工厂了吗？我让这家思想工厂乱成一团，我的思想工厂生产一些废物，生产忧虑、畏惧、羡慕、愤怒、自怜、自卑、哀愁、不快乐和贫穷。我不要这些废物，没有人要这些废物。做了自我的敌人之后，我又转为自我的朋友。我突然认识到，改变想法就可以改变我的生活。我遵守《圣经》中的话：'一个人心里想什么，他就会变成什么。'"

要知道赢得这场战争并不容易，杨决心要培养9种品质：爱、勇气、愉快、活跃、怜悯、友善、慷慨、容忍和公正。他常常得抗拒那些他不想要的想法。"我的做法是，"杨说，"对着我不想要的想法大声争辩。我把这种情形当作一种竞赛，一发现羡慕或畏惧的想法又悄悄爬进我心智的大门，我就立刻会说，'你去跳河吧！你在过去曾经毁了我的生活——现在滚开，不要再来！'"

女性朋友们，现在你们知道了吗？如果想对现状有所改变，不是盲目地调整自己，而是需要一些工具，自信训练就是其中之一，而且非常有效。它与你们以前所习惯的心理咨询和调节有着本质的区别。

自信训练的重点不是女性的心理——分析她为什么感到沮丧或不恰当。它的重点放在行为本身上，以及如何去改变它。自信训练不仅仅是增强自我意识的过程，还是推动女性去解决现存问题的活跃力量。当人们自信、坦诚地去交流，学会为自己的利益斗争的时候，就会增强信心，把自立和自强作为不可或缺的一部分。

承认自己的错误

我住的地方，几乎是在大纽约的地理中心点上，但是从我家步行1分钟，就可到达一片森林。春天，黑草莓丛的野花白茫茫一片，松鼠在林间筑巢育子，野草长到高过马头。这块没有被破坏的林地，叫作森林公司——它的确是一片森林，也许与哥伦布发现美洲那天下午所看到的没有什么不同。我常常带雷斯到公园散步，它是我的小波士顿斗牛犬。它是一只友善而不伤人的小猎狗，因为我们在公园里很少碰到人，我常常不给雷斯系狗链或戴口罩。

有一天，我们在公园遇见一位骑马的警察，他好像迫不及待地要表现出他的权威。

"你为什么让你的狗跑来跑去，却不给它系上链子或戴上口罩，"他申斥我道，"难道你不晓得这是违法的吗？"

"是的，我知道，"我轻柔地回答，"不过我认为它不至于在这儿咬人。"

"你认为！你认为！法律是不管你怎么认为的，它可能在这里咬死松鼠或咬伤小孩。这次我不追究，但假如下回让我看到这只狗没有系上链子或套上口罩在公园里的话，你就必须去跟法官解释啦。"

我客客气气地答应照办。

我的确照办了，而且是好几回，可是雷斯不喜欢戴口罩，我也不喜欢那样，因此我们决定碰碰运气。事情很顺利，但接着我们撞上了暗礁。一天下午，雷斯和我在一座小山坡上赛跑，突然间，很不幸地，我看到那位执法大人，跨在一匹红棕色的马上。雷斯跑在前头，径直向那位警察冲去。

我这下栽定了，明白这点，我决定不等警察开口就先发制人。我说："警官先生，这下您逮了我一个正着。我有罪，我无话可说。你上星期警告过我，若是再带小狗出来而不替它戴口罩就要罚我。"

"好说，好说，"警察回答的声调很柔和，"我知道在没有人的时候，谁都忍不住要带这么一条小狗出来溜达。"

"你这样的小狗大概不会咬伤别人吧。"警察反而为我开脱。

"不，它可能会咬死松鼠。"我说。

"哦，你大概把事情看得太严重了，"他告诉我，"我们这样办吧。你只要让它跑过小山，到我看不到的地方，事情就算了。"

那位警察也是一个人，他要的是一种重要人物的感觉。因此当我责怪自己的时候，唯一能增强他自尊心的方法，就是以宽容的态度表现慈悲。

但如果我有意为自己辩护的话，嗯，你是否跟警察争辩过呢？

我没有和他正面交锋，我承认他绝对没错，我绝对错了，我爽快地、坦白地、热诚地承认这点。因为我站在他那边说话，他反而为我说话，整个事情就在和谐的气氛下结束了。查士德·斐尔爵士也不会比这位骑马的警察更和蔼，仅仅一个星期以前他还打算用法律来威吓我呢！

如果我们知道免不了会遭受责备，何不抢先一步，自己先认错呢？听自己谴责自己不比挨人家的批评好受得多吗？

你要是知道有人想要或准备责备你，就自己先把对方要责备你的话说出来，那他就拿你没有办法了。十之八九他会以宽大、谅解的态度对待你，忽视你的错误，正如那位警察对待我和雷斯那样。

费丁南·华伦是一个卖艺术品的商人，曾使用这个办法，和一位暴躁的顾客化干戈为玉帛。

"精确而严谨的态度，在制作商业广告和出版品中是最重要的。"华伦先生事后说，"一些艺术编辑要求别人立刻实现他们的设想，这样难免会发生一些偏差。我服务的某位艺术编辑就很挑剔，我从他的办公室出来时，心里总是很不舒服，倒不是因为他批评我，而是因为他对待我的方式。最近，我交了一件急件给他，他打电话说要我立刻到他办公室去，稿件有误。我到他办公室后，果然，他很高兴有了挑剔我的机会，而且满怀敌意。正在他滔滔不绝地数落我时，我运用了自我批评的方法。我说：'你说得对，我的错误确实不可原谅，我为你工作了这么多年，还不知道怎么做，我真是不好意思。'于是他开始为我说话了：'你说得对，不过还没有那么严重。只是……'我马上插嘴道：'任何错误，都可能导致严重的后果，我怎么没看到呢？'我绝对不让他为我开脱。这是我第一次因为批评自己而感到高兴。我说：'我应该更加细心，你给了我这么多的活，我却不能令你满意，我一定要重新做。'于是，他说不用那样麻烦，并夸奖起我的作品来，还说他再改一改就可以了，这点小错也不会让他的公司费几个钱。总之，小事一桩，不值一提。我的这种自我批评，不但使他没了脾气，而且他还请我吃了午饭，又给我一张支票，让我再干别的活。"

当你坦然面对自己的错误时，会感到某种意义上的满足。因为这消除了自己的罪恶感，也在某种紧张的气氛下保护了自己，更有利于迅速准确地解决错误。

新墨西哥州阿布库克市某公司的一位负责人布鲁士·哈威，有一次批准向一位请病假的员工支付整月的工资。随后，他发现了这个错误，要在这位员工下次的工资中减去多发的金额。那位员工不同意，因为这样会给自己造成严重的财务问题，他请求分期扣回他多领的钱。哈威必须先征求上级的同意才能决定。"如果直接去向老板请示的话，"哈威说，"一定会使他很不高兴。要更好地解决这个问题，应找到合适的方法。我意识到一切混乱都是我造成的，必须在老板面前自我检讨。"

"进了他的办公室，我告诉他我办了件错事，然后说了事情经过。他开始发火，先说这应该由人事部门来负责，又大声指责会计部门的疏忽，我一再坚持这是我的错误，应该由我来负责。可他又开始批评办公室的另外两个同事，我还在解释这是我的错误。终于他看了看我说：'好吧，是你的错。交给你解决吧。'错误被改过来了，也没有造成其他的麻烦。我觉得很高兴，因为我有勇气不去找借口，妥当地处理了一件棘手的事情。而且，我的老板对我更加器重了。"

即使傻瓜也会为自己的错误辩护，但能承认自己错误的人，则会显得更加高贵怡然。比如，历史上对南北战争时的李将军有一笔极美好的记载，就是他把毕克德进攻盖茨堡的失败完全归咎在自己身上。

毕克德的那次进攻，无疑是西方世界最显赫、最辉煌的一场战斗。毕克德本身就很辉煌，他长发披肩，而且跟拿破仑在意大利战役中一样，他几乎每天都在战场上写情书。在那悲剧性的7月的一个午后，当他的军帽斜戴在右耳上方，轻盈地放马冲刺北军时，他那群效忠的部队不禁为他喝彩。他们喝彩着，跟随他向前冲刺。队伍密集，军旗翻飞，军刀闪耀，阵容威武、骁勇、壮大，北军也不禁发出赞赏。

毕克德的队伍轻松地向前冲锋，穿过果园和玉米田，踏过花草，翻过小山。同时，北军大炮一直没有停止向他们轰击。但他们继续挺进，毫不退缩。

突然，北军步兵从隐伏的基地山脊后面窜出，对着毕克德那毫无防备的军队，一阵又一阵地开枪。山间硝烟四起，惨烈有如屠场和火山爆发。几分钟之内，毕克德所有的旅长，除了一个，全部阵亡，5000士兵折损五分之四。阿米士德统率其余部队拼死冲刺，奔上石墙，把军帽顶在指挥刀上挥动，高喊："弟兄们，宰了他们！"

他们做到了。他们跳过石墙，用枪把、刺刀拼死肉搏，终于把南军军旗竖立在基地山脊的北方阵地上。

军旗只在那儿飘扬了一会儿。虽然那只是短暂的一会儿，却是南军战功的辉煌纪录。

毕克德的冲刺——勇猛、光荣，却是结束的开始。

李将军失败了。他没办法突破北方战线，而他也知道这点。

南方的命运决定了。

李将军大感懊丧，震惊不已，他将辞呈呈送南方的戴维斯总统，请求改派"一个更年轻的有为之士"。如果李将军要把毕克德的进攻所造成的惨败归咎于任何人的话，他可以找出数十个借口。比如，有些师长失职，骑兵到得太晚不能接应步兵。这也不对，那也错了。

但是李将军太高明，不愿意责备别人。当残兵从前线退回南方战线时，李将军亲自出迎，自我谴责起来。"这是我的过失，"他承认说，"我，我一个人，败了这场战斗。"

历史上很少有将军具备这种勇气和情操，承认自己负担战争失败的责任。

20世纪最流行的疾病是孤独

在加利福尼亚州奥克兰的密尔斯大学，校长林·怀特博士在一次晚餐聚会上，发表了一番极为引人注意的演讲，内容提到的便是现代人的孤寂感。"20世纪最流行的疾病是孤独。"他如此说道，"用大卫·里斯曼的话来说，我们都是'寂寞的一群'。由于人口愈来愈多，人性已汇集成一片汪洋大海，分不清谁是谁了……

居住在这样一个'不拘一格'的世界里，再加上政府和各种企业经营的模式，人们必须经常由一个地方换到另一个地方工作——于是，人们的友谊无法持久，时代就像进入另一个冰河时期一样，使人的内心冰冷不已。"

我认识几个刚毕业的年轻人，他们只身来到纽约，准备大展宏图，为这座城市带来一点光彩。有一位青年长得英俊潇洒，受过良好的教育，自己也很为自身的条件骄傲。在安顿妥当之后的第一天，他在白天参加了一个销售会议，到了夜晚，他忽然感到孤独起来。他不喜欢独自一人吃饭，不想一个人看电影，也不认为应该去打扰一些已婚朋友，他也不想让女孩缠上自己。

当然，他希望碰到一个好女孩，但绝对不是从酒吧或单身俱乐部一类的场所去随便挑一个来。结果，他只好在那个准备大展宏图的城市里，独自度过了寂寞凄凉的夜晚。

大都会的生活，有时比小镇更让人有孤寂感；要在大都市里生活，有时更得花点心思去结交朋友，并让这些朋友接纳你、需要你。去一个大都市之前，要先想好以后的日子——尤其是下班后的时间——要如何打发。你当然需要与兴趣相同的人在一起，但你得先伸出友谊之手。

初到一个陌生的城市，其实有很多事情可做——你可以上教堂或加入俱乐部——都可以增加认识人的机会。你也可以选修成人教育课程——不但可以自我进步，更可以得到同伴和友谊。但是，假如你只是默默一人在餐馆里吃饭，或在酒吧独自喝闷酒，那就无怪乎得不到什么情谊了。你一定得去安排或做些什么事。

和那个男孩一样，还有这样两个生活在大城市里的年轻女孩。

她们在纽约东区共租了一间公寓。两个女孩都十分迷人，也都有一份待遇不错的工作，都希望自己有朝一日能出人头地。但是，面对现代社会常见的孤独感时，两个人走向了不同的人生之路。

其中的一个女孩认为居住在大都会的单身女孩一定要仔细安排自己的生活，并计划自己的未来。她到一间教会去，积极参加各种活动。她还加入一个研讨会，甚至选修一门改进个性的课程。她把自己的薪水尽量用来与人交往，并开创出多彩多姿的生活内容。

她有适度而愉快的休闲活动，但对于社交关系则相当谨慎，尽量避免暧昧不清的男女关系。

她初到纽约的时候，当然也感到寂寞——哪一个女孩不会有这种感觉呢？但是，她不想像某些男性一样，在海底潜游了半天，却只寻得一块海绵。她知道，自己一定要有计划。她与一位聪明的年轻律师结了婚，婚后生活十分愉快。这便是她强调"要达到目标"的结果——她得到了幸福快乐的人生。

另一个女孩呢？她当初也很孤单寂寞，却没有找到摆脱孤单的正确方法。她到一些游乐场所或酒吧找寻朋友，最后也加入了一个俱乐部，是协助酗酒者的"戒酒俱乐部"！

我很早以前就关注过像这样陷入孤独的年轻人。就像身处一个无人的山谷，只有自己主动向外走，才能离开这片荒凉之境。虽然孤独感充斥在现代社会每一个角落，是人们挥之不去的阴影之一，但是作为每一个个体来说，我们本身是一种社会性动物，单靠个人的力量生活在这个世界上显然不够。人与人之间需要展开广泛深入的合作，才能共同完成一件事，所以学会交往和合作是非常重要的生存之道。而且，人只有在交往中，才能体会到各种情感体验带来的愉悦。我们要学会用热忱去治疗孤独。

打破乏味的生活方式

只要生活有情趣，我们就不会老踩在马路的香蕉皮上。

世上充满了有趣的事情，在这令人兴奋的世界中，不要过乏味的生活。

一位哲人曾说过：在这地球上，那叫作"生命"的刺激冒险的机会，是你唯一能去做的。因此，何不计划它，尽量设法活得丰富而又快乐？

一个有智慧的人，他到了40岁以后，生活就过得非常"简单化"了！所谓"简单化"，并不是说简单的生活，如古代西班牙式的生活，而是说对于一切事件，能够得法而不随便浪费到无用的地方！

当然，仅仅生活简单化还不够，应该趁着年轻的时候，好好地学习一些技艺！一个人到了50岁以后，能力将逐步衰退，换言之，学习进步的速度，就不得不减慢了！所以，50岁以后的人，想学习什么新技艺就比较困难。

有一位作家曾说法国人懂得"生活"的"技术"，而不是说他们懂"生活"的"艺术"！

懂得"生活技术"的人，不一定就是懂得"生活艺术"的人！所谓"生活技术"，也就是"职业技术"——你有"谋生"的本能吗？假如你回答说："有！"那么，你的"谋生本能"便是"生活技术"，因为没有这种"技术"，你便不能"生活"！

你们要知道，女士们，这并不是唱高调。

芝加哥的约瑟夫·沙巴土法官，他曾审理过40000件婚姻冲突的案子，并使2000对夫妇和好。他说："大部分的夫妇不和，是源于许多琐屑的事情。诸如，当丈夫离家上班的时候，太太向他招手再见，可能就会使许多夫妇免于离婚。"

劳·布朗宁和伊丽莎白·巴瑞特·布朗宁的婚姻，可能是有史以来最美妙的了。他永远不会忙得忘记在一些小地方赞美她和照料她，以保持爱的新鲜。他如此体贴地照顾身有残疾的太太，结果有一次她在给姊妹们的信中这样写道："现在我自然地开始觉得我或许真的是一位天使。"

简单的生活琐事，可能会给你带来不同的结果，就看你怎样应用技术来处理了。

真正懂得乐观生活的人，是因为他的生活富有情致。

我们也许都这样认为：作家的生活就是贫困一词的诠释。我们却不可以否认：作家的精神生活是如此富有！

所以，我认为一个人40岁以后的"美满生活"，并不是指"职业"上有何成就，也不是指"谋生技术"上有何进展！而是说每个人努力的结果，心灵上必可得到一种安慰。

但这种"安慰"，不是宗教上的"抽象"，也非哲人的"玄虚"，而是"事实"的证明。

爱迪生的"电灯研究"成功后，他的名字立刻"誉满全球"，这样的"安慰"，是"生活艺术"上的安慰，是心灵上的安慰。一个作家成名之后所得到的报酬，也和爱迪生相同。

追求个人生活的情绪，不仅可以得到精神慰藉，还可以得到情感升华。

孕育可敬的野心

事实证明，在同情、智慧以及正直的前提下，野心是一股积极向上的力量，它足以拨动勤勉的齿轮，为人们带来生机。反之，如果人们的动机纯粹是贪婪、野心，就会成为毁灭自己的力量，就会对所有的人造成无法弥补的伤害。野心，就是一种赤裸裸的欲望。

亨利·范戴克说："扬名天下并不算是最伟大的志向，愿意将整个人类提升到另一个层次，才是更可敬的野心。"

小时候，我听他的母亲和杂货店老板谈论某人说，"他真是个有野心的年轻人"或"他的野心的确不小"，从他们的口气可以听出，他们非常欣赏那个人的某些特点。他们所说的"野心"，是同情、智慧及正直促成的。当然也时常听到他们说某人："他是个好人，就是没什么野心。"

有能力却未能发挥的人是人生的一大悲剧。总之，只要有野心，再加上正直的品德、正确的方向，必然会凝聚成一股强劲的积极力量。

母亲曾告诫我："树枝往哪个方向弯，树就往哪个方向长。"露丝·赛门是远近驰名的马萨诸塞州史密斯学院的新任校长，她的成功就是一个最典型的例子。从她身上也可以证明"美国人的梦想"绝对有可能实现，而且至今仍然深植在美国人的心中。

小时候，赛门女士就告诉同学，将来有朝一日她会当大学校长。作为得克萨斯州一个小农场主的第12个孩子，她的口气真是不小。但是她可能无论如何也没有想到，她会成为美国顶尖大学的校长。她是第一位领导一流大学的非裔美国人，能够荣任大学校长的女性本来就不多，非裔美国人更是屈指可数。

大多数成功人士都有善于引导的父母，赛门女士也受到母亲极大的影响。她非常重视个性及道德，并且强调应该"爱人如己"。赛门女士说："我不是为了得到高分、称赞或奖赏才努力读书的，而是因为母亲告诉我：'用功读书是做学生的本分。'"

罗斯·甘贝尔博士说，人的个性在5岁的时候就已经形成80%。从赛门女士的例子可以得到最好的证明。

史密斯学院的教师评审委员会说，他们聘请赛门女士当校长，并非因为她是非裔美国人。正如评审委员之一彼得·洛斯所说的："我们希望找出最胜任的人选。赛门女士坚强的意志、优异的学术表现及坚韧不拔的个性，才是她获得这份工作的主要原因。"

女人的强大来自更为内在的东西：奋斗，进取，想成为更好的人。

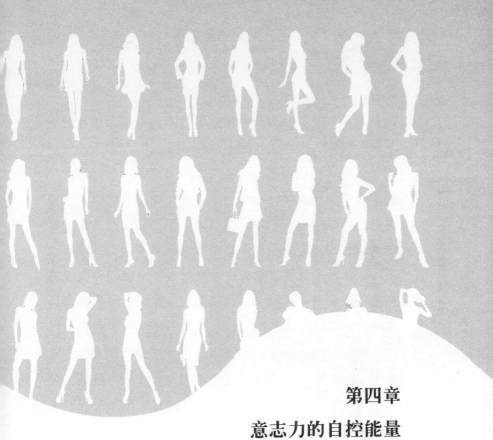

第四章

意志力的自控能量

对于凌驾命运之上的人，信心是命运的主宰。

——海伦·凯勒

女性：做一个理性天使

对于女性来说，如果常常表现出愤怒和经常参与冲突，会被认为是一种不讨人喜欢、不光彩、让人蒙羞的行为。

你是一个情绪化的人吗？你是不是总把喜怒哀乐挂在脸上？是不是经常随意把自己的愤怒和不满随处发泄呢？

我有一位朋友芬妮，她是一个脾气暴躁，容易出现情绪波动的女孩，经常因为小事和别人吵架，她的人际关系因此愈来愈紧张——在公司经常与人发生矛盾，男友也难以忍受她的坏脾气，和她分手了。终于有一天，她觉得自己已经处于崩溃边缘。

她打电话向一个朋友詹森求救。詹森向她保证："芬妮，我知道现在对你来说有点糟，可是只要经过适当指引，一切都会好转。你现在要做的第一件事是让自己安静下来，好好地享受一下宁静的生活。"

听了詹森的话，芬妮开始试着放弃先前忙碌的生活，好好地放松一下自己。给自己休了一个长假，当她稳定了一段时间之后，詹森又建议道："在你发脾气之前，不妨想想，究竟是哪一点触动了你。你可以拥有两种思考，一种是让每件事情都在脑海里剧烈地翻搅，另一种则是顺其自然，让思想自己去决定。"说着，詹森拿出了两个透明的刻度瓶，然后分别装了一半刻度的清水，随后又拿出了两个塑料袋。芬妮打开来，发现里面分别是白色和蓝色的玻璃球。詹森说："当你生气的时候，就把一颗蓝色玻璃球放到左边的刻度瓶里；当你克制住自己的时候，就把一颗白色玻璃球放到右边的刻度瓶里。最关键的是，现在，你该学会控制自己的情绪，如果你不试着控制情绪，就会继续把生活搞得一团糟。"

此后的一段时间内，芬妮一直照着詹森的建议去做。后来，在詹森的一次造访中，两个人把两个瓶中的玻璃球都捞了出来。他们同时发现，那个放蓝色玻璃球的水变成了蓝色。原来，这些蓝色玻璃球是詹森把水性蓝色涂料染到白色玻璃球上做成的，这些玻璃球放到水中后，蓝色染料溶解到水中，水就成了蓝色。詹森借机对芬妮说："你看，原来的清水投入'坏脾气'后，也被污染了。你的言语举止是会感染别人的，就像玻璃球一样。当心情不好的时候，要控制自己。否则，坏脾气一旦投射到别人身上，就会对别人造成伤害，再也不能回到以前。所以一定要控制好自己的情绪。"

芬妮后来发现，当按照詹森的建议去做时，她真的不再那么混沌了，事情也容易理出头绪。在此之前，她的心里总是充满着急待发泄的不满、愤怒的情绪，许多麻烦就是这样造成的。

　　此后，芬妮开始有意地控制情绪。当詹森再次造访的时候，两个人又惊喜地发现，那个放白色玻璃球的刻度瓶竟然溢出水来！

　　看来芬妮对自己的克制成效不小。慢慢地，芬妮学会把自己当成一个思想的旁观者，去看清自己的意念。一旦有了不好的想法就很快发现，情绪失控的时候就及时制止。这样持续了一年，她逐渐能够控制自己的情绪，生活也步入正轨，并重新得到了一位优秀男士的爱，幸福在她的生活中逐渐展现。

　　如果你也有和芬妮一样的问题，亲爱的女士，那你就得学着控制自己的情绪了。要知道，做一个理性天使要比一个感性恶魔好得多。

刻意地使心灵空白

　　每个人都希望自己的生活过得一帆风顺，轻轻松松，简简单单。然而生活有重重压力，如追求的失落、奋斗的挫折、情感的伤害等，都让我们的心灵背上了重重的负荷。面对压力，要想获得平和的心，有一个重要的方法，那就是注意为自己的心灵留下适当的空白，使自己的内心保持一定的空间。

　　事实上，刻意地使心灵空白的确能有效地为人们带来心安。在这个过程中你可以将头脑中的忧虑、不安、沉重、憎恶等不良情绪"清空"，取而代之的是愉悦、安定、轻松、满足的心境。

我曾在"拉赖因"号轮船上举办过一场演讲会。我仍然记得自己说过的一句话："当你感觉到内心有压力和烦恼时，不妨走到船尾去，把烦恼的事一一说出，然后把它们抛掷到汪洋大海中，注视着它直到它消逝不见。"

这个建议乍听起来仿佛有一点荒诞和幼稚，但是当晚有一个人跑来对我说："我按照你的话去做了，结果觉得心中非常舒畅，这实在是件令人吃惊的事！"

这人还继续说道："待在船上的这段时间里，我将天天在日落的时刻，把一切恼人的烦忧抛入大海，直到自己觉得完全没有一丝烦恼为止。同时我将日日注视着这些烦恼消失于时间的大海里！"

清空内心的烦恼和忧虑，有助于我们从压力中解脱出来。当然，仅使心灵空白还是不够的，必须加进一些内容才可以，因为人的心灵不能永远呈现空白而毫无内涵，否则，曾经丢弃的消极想法极有可能又会重新进入你的思想之中。因此，我们必须在心灵呈现空白的同时，立即注入富含创造性、健康性的想法。那些负面的想法就无法再对你造成任何影响。久而久之，那些重新注入脑中的新想法将在你的思想中生长，而且击退任何负面的想法。

在感到疲倦以前就休息

防止疲劳的规则是：经常休息，在你感到疲倦以前就休息。

这一点为什么重要呢？因为疲劳增加的速度快得出奇。美国陆军曾经进行过好几次实验，证明即使是年轻人——经过多年军事训练而很坚强的年轻人——如果不带背包，每一小时休息10分钟，他们行军的速度就会加快，也更加持久，所以陆军强迫他们这样做。你的心脏也正和美国陆军一样聪明，你的心脏每天压出来流过你全身的血液，足够装满一节火车上装油的车厢；每24小时所供应的能量，也足够用铲子把20吨的煤铲上一个30尺高的平台所需的能量。你的心脏能完成这么多令人难以相信的工作量，而且持续50、70甚至90年之久。你的心脏怎么能够承受得了呢？哈佛医院的沃尔特·加农博士解释说："绝大多数人都认为，人的心脏整天不停地在跳动着。事实上，在每一次收缩之后，它有完全静止的一段时间。当心脏按正常速度每分钟跳动70次的时候，一天24小时里实际的工作时间只有9小时，也就是说，心脏每天休息了整整15个小时。"

在二次大战期间，丘吉尔已经六七十岁了，却能够每天工作16小时，一年一年地指挥英国作战，实在是一件很了不起的事情。他的秘诀在哪里？每天早晨在床上工作到11点，看报告、口述命令、打电话，甚至在床上举行很重要的会议。吃过午饭以后，再上床去睡1个小时。到了晚上，8点钟吃晚饭以前，他要再上床去睡2个小时。他并不是要消除疲劳，因为他根本不必去消除，他事先就防止了。因为他经常休息，所以可以很有精神地一直工作到半夜之后。

约翰·洛克菲勒也创造了两项惊人的纪录：他赚到了当时全世界为数最多的财富，也活到了98岁。他如何做到这两点呢？最主要的原因是，他家里人都很长寿，另外一个原因是，他每天中午在办公室里睡半个小时午觉。他会躺在办公室的大沙发上——而在睡午觉的时候，哪怕是美国总统打来的电话，他都不接。

我曾问过埃莉诺·罗斯福夫人，当她在白宫当第一夫人的12年里，如何应付那么紧凑的节目。她对我说，每次接见一大群人或者要发表一次演说之前，她通常都坐在一张椅子或是沙发上，闭起眼睛休息20分钟。

我最近到麦迪逊广场花园去拜访吉恩·奥特里，这位参加世界骑术大赛的骑术名将。我注意到他的休息室里放了一张行军床，"每天下午我都要在那里躺一躺，"吉恩·奥特里说，"在两场表演之间睡1个小时。当我在好莱坞拍电影的时候，"他继续说道，"我常常靠坐在一张很大的软椅子里，每天睡两次午觉，每次10分钟，这样可以使我精力充沛。"

当亨利·福特过80岁大寿前不久，我去访问过他。我实在猜不透他为什么看起来那样精神，那样健康。我问他秘诀是什么？他说："能坐下的时候我绝不站着，能躺下的时候我绝不坐着。"

被称为"现代教育之父"的霍勒斯·曼在他年事稍长之后也是这样，当他担任安提奥克大学校长的时候，常常躺在一张长沙发上和学生谈话。

我曾建议好莱坞的一位电影导演试试这一类的方法，他后来告诉我，这种办法可以产生奇迹。我说的是杰克·切尔托克，他是好莱坞最有名的大导演之一。几年前，他来看我的时候，是米高梅电影公司短片部的经理，他说他常常感到劳累和筋疲力尽。他什么办法都试过，喝矿泉水，吃维生素和别的补药，但对他一点帮助都没有。我建议他每天去"度假"。怎么做呢？就是当他在办公室里和手下开会的时候，躺下来放松自己。

两年之后，我再见到他的时候，他说："奇迹出现了，这是我医生说的。以前每次和我手下的人谈短片问题的时候，我总是坐在椅子里，非常紧张。现在每次开会的时候，我躺在办公室的长沙发上。我现在觉得比我20年来都好过多了，每天能多工作两个小时，却很少感到疲劳。"

你是如何使用这种方法的呢？如果你是一名打字

员，你就不能像爱迪生或山姆·戈尔德温那样，每天在办公室里睡午觉；如果你是一个会计员，你也不可能躺在长沙发上跟你的老板讨论账目问题。可是如果你住在一个小城市里，每天中午回去吃午饭的话，饭后你就可以睡10分钟的午觉。这是马歇尔将军常做的事。在第二次世界大战期间，他觉得指挥美军部队非常忙碌，所以中午必须休息。如果你已经过了50岁，而觉得你还忙得连这一点都做不到的话，那么赶快趁早买人寿保险吧。最近葬礼的费用涨得相当高——而且这种事都来得非常突然。

如果你没有办法在中午睡个午觉，至少要在吃晚饭之前躺下休息1个小时，这比喝一杯饭前酒要便宜得多了。而且算起总账来，比喝一杯酒还要有效500倍。如果你能在下午5点、6点或者7点钟睡1个小时，你就可以在你生活中每天增加1小时的清醒时间。为什么呢？因为晚饭前睡的那1个小时，加上夜里所睡的6个小时——共是7小时——对你的好处比连续睡8个小时更多。

从事体力劳动的人，如果休息时间多的话，每天就可以做更多工作。弗雷德里克·泰勒，在贝德汉姆钢铁公司担任科学管理工程师的时候，就曾以事实证明了这件事情。他曾观察过，工人每人每天可以往货车上装大约12.5吨生铁，通常他们中午时就已经筋疲力尽了。他对所有产生疲劳的因素做了一次科学研究，认为这些工人不应该每天只送12.5吨生铁，而应该每天装运47吨。照他的计算，他们应该可以做到目前成绩的4倍，而且不会疲劳，只是必须要加以证明。

泰勒选了一位施密特先生，让他按照马表的规定时间来工作。有一个人站在一边拿着一只马表来指挥施密特："现在拿起一块生铁，走……现在坐下来休息……现在走……现在休息。"

结果怎样呢？别人每天只能装运12.5吨生铁，而施密特每天能装运47.5吨生铁。而弗雷德里克·泰勒在贝德汉姆钢铁公司工作的3年里，施密特的工作能力从来没有减低过，他之所以能够做到，是因为他在疲劳之前就有时间休息：每个小时他大约工作26分钟，而休息34分钟。他休息的时间要比他工作时间多——可是他的工作成绩却差不多是其他人的4倍！

让我再重复一遍：照美国陆军的办法去做——常常按照你自己心脏做事的办法去做——在你感到疲劳之前先休息，这样你每天清醒的时间，就可以多增加1个小时。

区分什么需要在意，什么需要放下

女士们，在你们心目中，最有魅力的女性应该是怎样的？我旅行全美各地，见过不少充满魅力的女性。后来我发现，她们之间有一些共同点，比如，她们并不一定拥有最美的面容，却一定有着优雅的气质，在她们身上，你看不到焦躁、紧张、抱怨、坏情绪，你看到的只有从容、知性，以及微笑。这样的女性，无论只是远远看着，还是站在她身边与她交谈，对我们来说都是一种享受。

她们并不比别人有更高贵的出身和更顺遂的经历。我曾经遇到一位女士，她的丈夫是一名普通的公司职员，她自己也只是一家小公司的接线员，可想而知，他们并不富裕，而且，这位女士的儿子还患有先天性疾病，每个月都需要支出一笔药费。她甚至告诉我，她的父母在她很小的时候就过世了，要不是她的姨妈收养她，她很可能就要在孤儿院长大了。这的确不是一段顺遂的人生经历，但我敢保证，你要是见到她，一定看不出来她有过悲惨的遭遇，因为她看上去毫无忧虑之色，也从不抱怨命运。

假如你问她保持好心情的秘诀，她会微笑着说："我并没有刻意保持好心情，你看，我的姨妈对我这么好，把我养大，给了我最好的照顾，现在她依然健康、开朗，而我的丈夫和孩子，简直是上天对我的恩赐，我的丈夫这么爱我，儿子又这么可爱，我还有一份工作，我为什么会心情不好呢？"

当时，我被她真诚的笑容深深打动了。我知道，她并没有刻意装出对过去的遭遇和现在的困境毫不在乎的态度，她是真的放下了这一切——过去的遭遇无法更改，她选择放下；现在的困境，她需要去面对它，解决它。抱怨根本无济于事，所以她选择放下，至少不让它影响生活和心情。因此，无论你在何时何地看到她，她都是淡定、轻松的模样，永远带着微笑。这样的女性，我们能说她没有魅力吗？

我们再来听听另一位女士讲述的故事吧。这位女士名叫梅瑞，她刚刚经历了一场刻骨铭心的恋情，就在不久前，恋人和她分手了。

"我们有过那么好的时光，他是一个帅气、温柔的人，他以前对我很好，我们曾经发誓要相守一生。我们已经开始讨论结婚的事了，可是……"尽管事情已经过去将近1年，梅瑞提及她的遭遇，仍然忍不住落泪，"可是，那天，我记得很清楚，那天是个阴天，天色不好，看起来快要下雨了，他忽然约我出来，我以为他要带我去看婚礼场地，然后两人共进晚餐，结果他见到我之后，开口说出的第一句话竟然是分手……

"从那以后，他就从我的生活里消失了。他搬了家，换了工作，让我再也找不到他。我也告诉自己，梅瑞，你不能那么做，你不能去质问他，不能去求他，这样只会让你尊严扫地。可是，天哪，我多么想他！我也恨他，恨他没有履行诺言，恨他这么狠心抛弃我！但我能怎么办呢？有一段时间，我把自己关在房间里，谁也不想见，每天只吃一点点东西。现在，我总算好了些，可我还是放不下这件事，我没有一刻不想他，没有一刻不在诅咒他！"

被恋人抛弃的事实，带给梅瑞很大的打击，她看起来很难放下这件事给她带来的痛苦。我非常理解，但事情过去1年了，这意味着她痛苦了1年！这也意味着这一年时间，她没有尝试着走出来去迎接新生活。请你们试着设想一下，如果她这样痛苦下去，始终放不下失恋的打击，那她岂不是一辈子都不可能得到幸福？

我在上课时，有时会要求学员们写下他们烦恼的来源，其中，常有人说起他们的同事延长午餐时间的行为，有个女人一再表示这有多么恐怖。我问她这状况持续多久了，她说已经20年了。真是难以置信，20年来她一直为此生气，并为此警告周围的同事。接着我问她如何解决这个难题，她说没有一种方法有效，没人能使得上力。

我母亲也是一个例子。每当我们争执时，她就会提及生我时的往事，她说："当初生你是个痛苦，直到现在还是一样。"50年后，她还是这句老话！

区分什么需要在意，什么需要放下，这真的很重要。如果把自己钉在苦难的架子上活着，那我们这辈子将失去多少幸福和快乐的机会！

从假装快乐变成很快乐

你的兴趣在哪里，你的精力就在哪里，陪一个唠叨的老太太走过10步路远比陪知心识趣的情人走上10英里路要辛苦得多。

一位打字小姐发现，假装工作很有意思会使自己得到很多报偿。她叫维莉·哥顿，家住伊利诺伊州爱姆霍斯特城。她在信上讲述了下面的故事：

"我们办公室一共有四位打字员，经常因工作量太大而加班加点。有一天，一个副经理坚持要我把一封长信重打一遍，我告诉他只要改一改就行，不需要全部重打。可他竟然说，如果我不重来他就另外雇人了，我气得要死，为了保住这个职位和薪水，我只好假装喜欢重新打这封信。干着干着，我发现如果我假装喜欢工作，那我真的会喜欢到某种程度，这时，我的工作速度就会加快。这种工作态度使我受到大家的好评，后来，一位主管请我去做他的私人秘书，因为他了解我很愿意做一些额外的工作而不抱怨。

"结果我发现：心理状态的转变给我带来了奇迹。"

汉斯·威辛吉教授说，你不能只坐在那里，等待快乐的感觉出现，反之，你应该站起来，开始学习快乐的人的动作和谈吐。哥顿小姐运用的就是汉斯·威辛吉教授的"假装"哲学，他教我们要"假装"快乐。心理学家也曾建议我们有时不妨假装快乐，这样去做的人大都能改变心境，也随之能改变命运。实践证明，假装快乐很有效，你最初也许会觉得那是假造，但是，只要多练习，假造的感觉自然会消失。

"假装"绝对不是坏事，但一定要装得很像。假设你遇到了很不愉快的事情，而你想要假装自己很快乐，想想你该怎样假装呢？至少要面带微笑吧！为了做一个成功的假装者，你必须尽量想一些愉快的事情，为你的微笑补充能量，慢慢地，快乐的事情就会不断涌出来，最后你会发现自己从不快乐变成了假装快乐，又从假装快乐变成了很快乐。

能够做喜欢之事的人都是幸运的家伙

假设你的邻居是一个年轻女孩，下班回家时她整个人都累坏了。她腰酸背痛，头疼欲裂，所以不吃晚饭就上床睡了。然后电话铃响，是男朋友打来的电话，邀她去跳舞。女孩眼睛一亮，立刻一跃而起，穿上她最美丽的衣服，一直跳舞到深更半夜才回来。累了吗？一点也不，她神采飞扬，兴致高得很，甚至还了无睡意，满脑子都是那些活泼的音乐呢！

难道说，下班时那个女孩的筋疲力尽都是装出来的？不！她的确是累坏了，因为她觉得工作无聊，人生也很无聊。这样的人满街都是，不见得是你的邻居，说不定就是你自己。

有人做过一个实验，证明了"无聊"的确是疲倦的主因。

实验是对一组学生进行一连串显然枯燥无趣的测试，结果学生都昏昏欲睡，抱怨头痛眼酸，有些甚至还觉得胃痛。这些都是想象的毛病吗？不，经过详细检查，发现人在无聊的时候，血液中的氧燃烧的确比较慢。等碰到有趣的事情时，功能就立刻恢复正常了。

我们在做有趣的事情时，就不容易觉得疲倦。

像我以前到加拿大洛矶山脉去度假，成天钓鱼、砍柴，可是一点也不觉得累，因为我有兴致，还有成就感，否则在海拔7000英尺做这许多事早就累得躺在那里了。

哥伦比亚大学的爱德华·东狄克教授做过一个实验，他让一群年轻人不眠不休一个星期，一直从事有趣的活动。经过详细研究之后，他做成报告："无聊是怠职的真正原因。"

如果你是一个劳心的人，真正让你疲倦的不是你做完的工作，而是你还没做的工作。举例而言，你还记得上个工作不尽心的日子吗？老是有人来打断你的工作，信也没回，约会也取消了，到处都是麻烦，成天都不对劲。你一事无成，下班回家像打了一场仗，头快炸了似的。

第二天一切又对劲了。你的工作量是昨天的10倍，而你回家的时候却觉得像凯旋的勇士。你一定有过这种经验，我也有。

我在撰写本章时，曾抽空去看了一场音乐喜剧，里面有一句最佳的警句——"能够做他们喜欢做的事的人都是幸运的家伙"。他们之所以幸运是因为他们能享有更多精力与快乐，减少烦恼和疲劳。

把要做的事列成表

你是否曾经抱怨过每一天要完成的事情太多，繁杂得让你无从下手。而且你可能常常在考虑是先做这件事好还是先做那件事好？结果时间就在你考虑的过程中悄悄溜掉了。如果你还在为此苦恼，不妨试试这个小方法——把要做的事列成表，完成一项就把它划掉。这个举动看似简单，作用却不容小视。不信你就来试试。

你所列的这张单子越长越好，也就是要做的事列得越细致越好。因为当一天结束时，不论你完成了大半，还是全部完成，都会让你很有成就感，也节省了许多原本用于抱怨和考虑的时间。

对一般的女士来说，上街购物是最浪费时间的事。下面是一些可以给女士们帮助的"简捷方法"。

1.某些必需的日常用品可大量订购

比如，卫生纸、餐巾纸、纸毛巾、化妆纸、肥皂、洗浴液、牙膏、清洁剂和空气清洁剂等，这些东西都可以使用邮政或电话订购。大量购买日用必需品可使我们享受价廉和送货上门的好处，既节省时间，又节省金钱，一举两得。

2.购物前列好清单，做好计划

比如，如果想要买一件自己喜欢的大衣，在你走进商店前，最好先想好颜色、质地、样式以及你负担得起的价格。这样，你就可以节省时间，不会无目的地乱逛，也不会因为不知道究竟想要什么而买下一件自己并不需要的东西。

3.加入社区一家消费者服务社

我所加入的这家，一年的服务费用大约6美金，但是，它为我节省的钱就远不止这些了。这种服务社每个月会送给你一份商品说明书，每年送你一本商品目录。目录里记载着市面上出售的所有商品，大到汽车小到牙膏都一应俱全。更为重要的是，服务社能依照科学试验结果，告诉你这些商品的等级，要知道：最贵的商品并不一定就是最好的！比如，有一次，我发现一种售价0.49美金的洗浴液，是市面上品质最好的牌子，反而我以往使用的1美金的洗浴液，等级就差多了，这个发现真让我吃惊！单单这一项节约，对我来说，就太值得支付服务社的费用了。

4.学会做记录笔记

"凡事记录下来"是节省时间的最好方法，除非你有超强的记忆力。无论你要安排一个宴会、上街购物、订购用品，或是计划年度预算，你都应该养成把它写在纸上的习惯。

这里谈到的简捷方法，你只要针对自己仔细地检视一番，就不难找出许多提高工作效率的方法。你将可以找出许多被浪费掉的时间（甚至可能是一整天），把它拿来进行更多不曾实施的计划，或是为你和自己的丈夫留有更多愉快相处的机会。

在晚上睡觉前的几分钟，你要仔细想想第二天要完成的事，把它们详细列成表，同时最好想想它们的先后顺序。第二天，你就可以按照这张单子做事，而不必再浪费时间去考虑该先做哪件事，或者还有多少件事需要今天完成。看着横线一条条画上去，随着一天慢慢过去，单子上的横线也越来越多。这将是一个充满成就感的过程，而成就感会有效地冲淡我们做事所产生的厌倦感。

如果这个活动你已经进行了不止一次，那么最好把这些清单收进一个档案袋里。下一次如果懒惰感或自卑感袭击了你，让你为无法完成某些事而自责不已时，把这些单子拿出来，看看你曾经完成的数十件，甚至数百件的工作，信心自然就重新回来了。

剪掉意念里的枝枝蔓蔓

对大部分人来说，如果一入社会就善于利用自己的精力，不让它消耗在一些毫无意义的事情上，那么就有成功的希望。但是，很多人却偏偏喜欢东学一点、西学一点，如此就算忙碌一生也不会有什么专长，到头来什么事情也没做成，更谈不上有什么强项。

在这方面，蚂蚁是人们最好的榜样。它们驮着一大颗食物，齐心协力地推着、拖着它前进，一路上不知道要遇到多少困难，要翻多少跟头，但是它们不会放弃，一定会把这颗食物弄到家门口。蚂蚁给我们最好的教益是：只要不断努力、持之以恒，就必定能得到好的结果。

明智的人最懂得把全部的精力集中在一件事上，唯有如此方能实现目标；明智的人也善于依靠不屈不挠的意志、百折不回的决心以及持之以恒的忍耐力，努力在生存竞争中去获得胜利。

那些富有经验的园丁往往习惯把树木上许多能开花结果的枝条剪去，对此一般人往往觉得很可惜。但是，园丁们知道，为了使树木能更快地茁壮成长，为了让以后的果实结得更饱满，就必须忍痛将这些旁枝剪去。若要保留这些枝条，那么将来的总收成肯定要大大减少。

那些有经验的花匠也习惯把许多快要绽开的花蕾剪去，这是为什么呢？这些花蕾不是同样可以开出美丽的花朵吗？花匠们知道，剪去其中的大部分花蕾后，可以使所有的养分都集中在其余的少数花蕾上。这样少数花蕾绽开时，一定可以成为那种罕见、珍贵、硕大无比的奇葩。

做人就像培植花木一样，与其把精力消耗在许多毫无意义的事情上，还不如看准一项适合自己的重要事业，集中所有精力，埋头苦干，全力以赴，肯定可以取得杰出的成绩。

如果你想成为一个令众人叹服的领袖，成为一个才识过人、无人可及的人物，就一定要排除大脑中许多杂乱无绪的念头。如果你想在一个重要的方面取得伟大的成就，那么就要大胆地举起剪刀，把所有微不足道的、平凡无奇的、毫无把握的愿望完全"剪去"，但在一件重要的事情面前，即便是那些已有眉目的事情，也必须忍痛"剪掉"。

世界上无数的人之所以失败，并不是因为他们的才能不够，而是因为他们不能集中精力、全力以赴地去做适当的工作，他们使自己的精力在许多并无助益的事情上徒耗了，而他们自己竟然还从未觉悟到这一点。如果把心中的那些杂念一一剪掉，使生命中的所有养料都集中到一个方面，那么他们将来一定会惊讶——自己的事业竟然能够结出那么美丽丰硕的果实。

拥有一种专门的技能要比有十种心思来得有价值。有专门技能的人随时随地都在这方面下苦功求进步，时时刻刻都在设法弥补自己的缺陷和弱点，总是想把事情做得尽善尽美。而有十种心思的人就和有专门技能的人不一样，他可能会忙不过来，要顾及这一点又要顾及那一个，由于精力和心思分散，事事只能做到"尚可"为止，结果当然是一事无成。

现代社会的竞争日趋激烈，所以，你必须专心一致，对自己认定的某一件事、某一个目标全力以赴，这样才能做到得心应手，有出色的业绩。

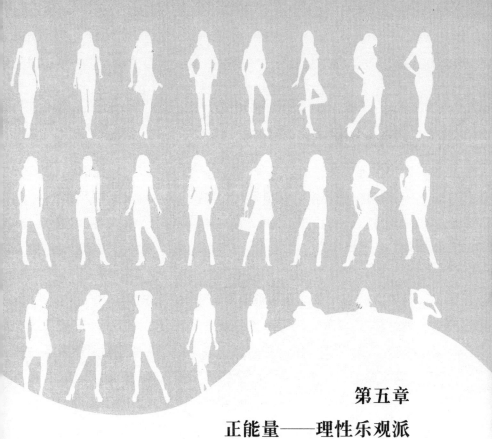

第五章

正能量——理性乐观派

　　她满面春风，她的眼睛在笑，她的湿润的嘴唇在笑，她本身就是春天的早晨！

——显克微支

积极思想的力量

英国思想家、哲学家斯图尔特·米尔曾说过："一个有信念的人，所发出来的力量，不下于99位心存兴趣的人。"

女士们，在我们谈论接下来的话题之前，我要给你们讲一个发生在美国内战期间最奇特的故事。

艾迪太太，一位可怜的妇人，认为她的生命中只有疾病、愁苦和不幸。她的第一任丈夫，在他们婚后不久就去世了。她的第二任丈夫抛弃了她，和一个已婚妇人私奔，后来死在一个贫民收容所里。她只有一个儿子，由于贫病交加，不得不在儿子4岁那年把他送走。她不知道儿子的下落，整整31年都没有再见到他。

她生命中戏剧化的转折点，发生在马萨诸塞州的林恩市。一个很冷的日子，她在城里走着的时候突然滑倒了，摔倒在结冰的路面上，昏了过去。她的脊椎受伤了，以致她不停地痉挛，甚至医生也认为她活不久了。医生说即使出现奇迹使她活命，她也绝对无法再行走了。

躺在一张看来像是送终的床上，艾迪太太打开她的《圣经》。她读到《马太福音》里的句子："有人用担架抬着一个瘫子到耶稣跟前来，耶稣就对瘫子说：'孩子，放心吧，你的罪赦了。起来，拿你的褥子回家去吧。'那人就站起来，回家去了。"

她后来说，耶稣的这几句话使她产生了一种力量，一种信仰，一种能够医治她的力量，使她"立刻下了床，开始行走"。

"这种经验，"艾迪太太说，"就像引发牛顿灵感的那只苹果一样，使我发现自己怎样才能好起来，以及怎样才能使别人也做到这一点。我可以很有信心地说：一切的原因就在你的思想，而一切的影响力都是心理现象。"

这不是神话，也不是偶然。我们活得愈久，就愈深信积极思想的力量。生命中总有一些这样的转折点。积极的信念不能给我们需要的东西，却能告诉我们如何得到。

真的，世界上没有任何力量能像这种信念那样影响我们的生活。人生到底是喜剧收场还是悲剧落幕，是成功辉煌还是黯然神伤，全在于你保持什么样的信念。一个没有信念的人，就好比少了马达的渡轮，注定要在汪洋中沉没。

幸福从哪儿来

我听过一些女士的说法：她们认为自己一生的幸福就是找到一个优秀、事业有成、懂得疼爱妻子的丈夫，过上富裕、悠闲的生活。我不能说这样的想法是错误的，但它肯定是不全面的。因为我遇见过好几个这样

119

的女士，她们都过着有钱有闲的生活，也都拥有一个优秀、事业有成、懂得疼爱妻子的丈夫，但我从她们身上，并没有看到幸福的踪迹。没错，她们看起来一点也不幸福。

那天，我在一次晚宴上和一位夫人聊天，她的丈夫是纽约城一位知名的律师，毫无疑问，她生活优渥，衣食无忧，和丈夫的感情也很好，是朋友们公认的恩爱夫妻。但我从她美丽的脸上看出了疲惫的神色。当我客套地问她最近过得如何时，她竟然沉默了。"卡耐基先生，"她压低声音，"您听了可能会笑我，但我觉得我的生活糟糕极了。"我吃了一惊，连忙问她："怎么了？夫人，您生病了？还是遇到了不好的事情？"

她摇头："并没有，先生，我没有生病，也没有不好的事情，一切都如您所见，我不愁吃穿，日子过得很闲适，我的丈夫，他一如既往地对我非常好，可是……"她停顿了一下，似乎是在思索如何开口，"可是，我的心情很糟糕，每天早上醒来，丈夫出门工作以后，我就不知道自己该做什么了，家里的事有仆人来做，和朋友去喝茶，也提不起我的兴致，从早到晚，我觉得自己非常累，有时坐在院子里发呆，一下午就过去了……我的丈夫，工作非常忙碌，经常没时间陪我，您知道，我们还没有孩子，我的生活，无聊得简直让我抓狂，您说，这样的日子究竟有什么意义？以前我以为，只要过上现在这样的生活，就一定能够得到幸福，事实上，我也的确幸福了一阵子，可是您看，我现在真的不知道怎样才能感到幸福……"

各位女士，你们说这是为什么？如果拥有这么多都不能让人感觉幸福的话，那么幸福的秘诀到底藏在哪里？

我必须承认，当时我因为这位女士说的话而感到太过惊诧，以至于我没来得及告诉她，为什么她在这么好的物质条件和毫无缺陷的命运中，仍然感受不到幸福。

女士应该把更多的注意力放在自己身上。假如你内心太脆弱，丝毫不懂得应付生活，那你即使有幸找到了一位好丈夫，你又有什么把握能够与他幸福地共度一生？

或许有的女士会说："我才不会像这个笨女人一样呢，要是我是她，我将有多少钱、多少时间去做那些让自己感到快乐的事情啊！那样我将过得多么幸福啊！我怎么可能像这个女人一样，放着这么好的日子不去享受？"可是，女士，难道你忘了，这位夫人一开始也如你所说，幸福了一阵子呢。而她此后之所以感到不幸福，无非是因为欲望的满足、物质上的富足，只能给人带来暂时的快乐和幸福。

真正长久的幸福存在于你的心底，不会因外界条件的变动而发生改变。它不需要金钱来满足，也不需要别人来给予。

写到这里，我记起以前接触过的一位女士，她的名字叫茱莉亚。茱莉亚住在亚拉巴马州伯明翰市的一个小镇上，是一家杂货铺的老板娘，她长得很漂亮，即使已经年过40，但仍然光彩照人。她很喜欢笑，尽管笑起来时脸上有一些皱纹，但看上去幸福满溢，见到她的人，几乎都会被她身上洋溢出来的幸福所感染，忍不住地喜爱她，与她亲近。

可是，她的丈夫是小镇上出了名的丑男。他身材很矮，脸大眼睛小，嘴唇又很厚，我不知该如何描述，总之他是一位令人过目难忘的男士。茱莉亚的很多朋友都不理解，为什么她会选择嫁给这样一个男人？他长相不好，也没有过人的才能和家底，"茱莉亚年轻的时候，有好几个薪水高、长相又帅气的男人追求她，可是她都拒绝了"。她的朋友这样对我说。

后来，我有了一次直接与茱莉亚交谈的机会，我不好意思直接向她提出这个问题，只是装作不经意地提起她的朋友们的看法。

"我知道，"茱莉亚说，"您也觉得好奇吧？其实，原因很简单，我也和我的朋友们说过，我和我丈夫的结合，完全是出于爱，没错，仅仅是因为爱，可惜朋友都不肯相信。您知道，当时我身边有几位追求者，就相貌来说，我的丈夫的确比不上其他几个人，但是，只有他和我有共同语言，我们能够聊上一天一夜也不厌倦，他愿意陪我去做我喜欢的事，也很乐意和我分享他的爱好，比如网球、钓鱼，都是他教会我的，我当时想，和他在一起，那样的生活才是我想要的。所以我嫁给了他。我知道别人的疑惑，甚至还有人为我感到惋惜，可是，我为什么要听别人的呢？这可是一个关系到我是否幸福的选择。怎么样，卡耐基先生，听到这样一个无聊的故事，您是不是觉得很失望？"说完，茱莉亚露出顽皮的笑容。

我向她保证，这个故事一点也不无聊。岂止不无聊，这简直是我听过的最好的故事之一。她是一位多么自信、聪慧的女性！她是一位真正明白幸福真谛的幸福女性！

世上人人都在寻找幸福，但是只有一个确实有效的方法，那就是从你的内心寻找，幸福不在乎外界的情况，但是，依靠内心的满足是幸福真正的发源地。

成为一个有活力的健康女人

我曾经听一些医生说：现在活着的美国人中，每20人就有1人在某一段时期得过精神病。第二次世界大战期间被征召的美国年轻人，每6人中就有1人因为精神失常而不能服役。精神失常的原因何在？没有人知道全部的答案。可是在大多数情况下，极可能是由恐惧和忧虑造成的。焦虑和烦躁不安的人，多半不能适应现实世界，而跟周围的环境隔断了所有关系，缩到自己的梦想世界，以此解决他所忧虑的问题。

女士，以上我所说的都是关于精神的问题，但忧虑和恐惧引发的，绝不仅仅是精神上的问题，它对身体健康同样会产生损害。有关专家曾经指出：心脏病、高血压以及消化系统溃疡这三种疾病，从很大程度上来说都是由忧虑引起的。

听起来，我似乎在极力夸大忧虑、焦躁、恐惧这些负面情绪的害处，但并非如此，我说的都是事实。我知道很多女性在精神和身体的健康问题上，都深受这些负面情绪的伤害，我知道这些，因为我曾经接待过来自全美各地的女士，我接受她们的来访，聆听她们的倾诉和需求，开导她们，在这个过程中，我见过无数由忧虑所导致的健康危害的事例。

有一次，一位女士来找我，她告诉我，她的身体健康受到了严重的损害，她觉得自己活不了多久了。她说她一直听我的演讲，看我写的书，因此，想在去世之前和我聊一聊，当面告别。我听了这话，起初非常难过，但渐渐地，我和她进行深入交谈之后，我发现她得的并非不治之症，她只是心脏出了问题，肠胃出了问题，但这些问题的原因就在于她总是活在无休止的忧虑当中，也正因为忧虑，她的病情才会越来越严重。

她说她总在担心，担心年迈的母亲随时离她而去，就像父亲当年离去一样；她担心自己的丈夫会抛弃她；她甚至担心她的一位远房亲戚，会来找她借钱，因为多年前她曾答应在他困难的时候会借钱给他；她的面容永远阴沉，她不敢和别人深交，因为她总是害怕别人欺骗她、嘲笑她，她不敢大声地笑，因为她担心别人嫌她吵闹……现在，她继续担心着，担心这些身体上的毛病会要了她的命，正如我所见，她看上去没有丝毫活力，深深地陷入恐惧和忧虑之中无法自拔。

天哪，女士们，我向你们发誓，如果我像她这样活着，我肯定早就发疯了。后来，我向她说明了许多关于忧虑损害健康的道理，她似乎明白了什么。据说此后她的病情减轻了一些，她给我写信，信中说："先生，我想，只要我担心的事情慢慢减少一些，我就能逐渐恢复活力，继续活下去。"

在我写下这些文字时，我的书桌上就有一本书，是爱德华·波多尔斯基博士所写的《停止忧虑，换来健康》。书中谈到了几个问题，我很愿意与各位女士分享。

（1）忧虑对心脏的影响。

（2）忧虑造成高血压。

（3）风湿症可能因忧虑而起。

（4）为了保护你的胃，请少忧虑些。

（5）忧虑如何使你感冒。

（6）忧虑和甲状腺。

（7）忧虑与糖尿病患者。

另外一本关于忧虑的好书，是卡尔·明格尔博士所写的《与己作对》。它没告诉你怎样避免忧虑的规则，却告诉你一些很可怕的事实，让你看清楚我们怎样通过焦虑、烦躁、憎恨、后悔、反叛和恐惧情绪来伤害我们的身心健康。

女士们，现在你知道，我并没有丝毫夸张。忧虑甚至会使最强壮的人生病。在美国南北战争的最后几天里，格兰特将军发现了这一点。

格兰特围攻里奇蒙德有9个月之久，李将军衣衫不整、饥饿不堪的部队被打败了。眼看战争就快结束了，李将军手下的人放火烧了里奇蒙德的棉花以及烟草仓库，也烧了兵工厂，然后在烈焰升腾的黑夜里弃城逃走。格兰特乘胜追击，从左右两侧和后方夹攻南部联军，由骑兵从正面截击，拆毁铁路线，俘虏了运送补给的车辆。

由于剧烈头痛而使眼睛半瞎的格兰特无法跟上队伍，就停在了一个农家。"我在那里过了一夜，"他在回想录里写道，"把我的两脚泡在加了芥末的冷水里，还把芥末药膏贴在我的两个手腕和后颈上，希望第二天早上能恢复。"

第二天清早，他果然复原了。可是使他复原的，不是芥末药膏，而是一个带回李将军降书的骑兵。

"当那个军官来到我面前的时候，"格兰特写道，"我的头痛得很厉害，可是我一看到那封信的内容，我就好了。"

显然，格兰特是由于忧虑、紧张和不安才生病的。一旦他在情绪上恢复了自信，想到他的成就和胜利，病马上就好了。

如果我想记住忧虑对人有什么影响，我只要看看我现在坐着的这个房间，想想以前这栋房子的主人——她由于忧虑过度而进了坟墓。她得了关节炎，没错，是关节炎，也许你们都认为关节炎是由潮湿的气候、不恰当的生活方式引起的，但实际上，它和负面情绪的关系非常密切。我的一个朋友在经济不景气的时候，遭受了很大的损失，结果煤气公司切断了他的煤气，银行没收了他抵押贷款的房子，他的太太突然染上关节炎——虽然经过治疗和增加营养，关节炎却一直到他们的财务状况改善之后才算痊愈。

不久前，我和一个得这种病的朋友到费城去。我们去见伊莎瑞尔士内·布拉姆博士——一位主治这种病达38年之久的著名专家。他问我朋友的第一个问题就是："你的情绪是否有什么问题而使你产生这种情况？"他警告我的朋友说，如果他继续忧虑下去，就可能会染上其他并发症，例如心脏病、胃溃疡或是糖尿病。"所有的这些病症，"这位名医说，"都互为亲戚关系，甚至是很近的亲戚。"

女士，如果你想成为一位有活力的、健康的女性，忧虑、恐惧、焦躁等负面情绪是你必须戒掉的毛病。解决的办法，正如布拉姆博士给病人的忠告一样，在他候诊室的墙上挂着一块大木板，上面写着这段忠告，我把它抄在了一个信封的背面，我希望女士们也能把它抄在纸上，时刻提醒自己：

最使你轻松愉快的是，健全的信仰、睡眠、音乐和欢笑。

对神要有信心，

要能睡得安稳，

从滑稽的一面来看待生活，

健康和快乐就都是你的。

做有梦想的王妃

我曾有一只名叫"花生"的混血小狗，它活泼、聪明、可爱，是我们家的开心果。一次，儿子提出要我和他一起为"花生"盖一间狗屋。于是，我们便立刻动手，很快就把狗屋盖好了。但是，由于手艺太差，狗屋盖得很糟糕。

狗屋盖好不久，有一位朋友来访，朋友忍不住问我："树林里那个怪物是什么？难道是狗屋吗？"

我说："没错，那正是一间狗屋。"

朋友随即指出了狗屋的一些毛病，又说："你为什么不事先计划一下呢？如今盖狗屋都要照着蓝图来做的。"

各位女士，不知你们能从这个狗屋的故事中学到什么？我可以很坦诚地说出我的感想：我当时想到，没有目标的活动无异于梦游，没有目标的生活只不过是一种幻象。如果我们将一些没有计划的活动错当成人生的方

向，那么即使花费九牛二虎之力，最后恐怕还是哪里都
到不了。这样的人生就像我和儿子盖的狗屋一样，只会
被人视为树林里一只四不像的怪物。

要攀到人生山峰的更高点，当然必须要有实际行
动，但是首要的是找到自己的方向和目的地。换句话
说，我们的人生需要有梦想的指引。女士，我相信你们
儿时都做过梦，有的女士在少女时期很可能还喜欢做一
些白日梦，梦想有王子骑着白马来娶她为妻。这些梦大
多数都是美好的，充满梦幻和浪漫的色彩。

但是，当你们长大，变成成熟的女人以后，就需要
更成熟的、有现实基础的梦想来支撑。比如，你不会再
梦想自己是一位灰姑娘，坐着南瓜马车去参加舞会，与
王子邂逅，而是会把和一位温柔踏实的丈夫白头偕老当
成此生的理想，或者你会梦想在专业领域有所成就，甚
至成为一个新领域的创始人，就像英国那个美丽的"提
灯护士"南丁格尔开创了近代护理事业一样。

人生需要梦想来支撑，我认为，尤其身为女人，更
要做有梦想的王妃。如果没有梦想，你就会活得浑浑噩
噩，得过且过；如果没有梦想，那么你的未来就会像空
中楼阁一样，让你望不见，也够不到，你会不知道该
往哪里走，不知道该在哪些事情上用心、努力，久而
久之，我敢打赌，你会变成一个懒惰、拖沓、消极、
无所事事的女人。

或许有的女士会认为我小题大做，不过是盖一间狗

屋罢了，何必牵扯到"人生目标"这样大的话题？我并不认为盖一间狗屋和为你的人生设定一个目标，描绘一个梦想有所不同。做任何一件事，难道不都是这样吗？女士们，如果你们希望这一生过得精彩、快乐而有意义，那么从现在开始，就应该为自己设定目标，描绘梦想，并照着梦想的蓝图去努力，创造属于自己的精彩未来。

你要做的事很简单，取出一张白纸写下"我希望给人留下什么印象"，列出你愿意让你的朋友、配偶、孩子、合作伙伴、团体，甚至是整个世界记住你的品质、行为和特征。如果你与其他一些团体有特殊关系的话，如教堂、俱乐部、社区团体等，把他们也列入表中。在列表的过程中，你将渐渐发现，你自己真正的价值和生活意义的源泉。

例如，你可以这样写：我希望我的丈夫认为我是一个非常可爱的妻子，是永远相信他、鼓励他，并使他的生命发挥最大潜能的伴侣。我希望我的儿子认为我是深爱和相信他的母亲，我能帮助他认识到，只要他下定决心去做某事，他就能做出巨大的贡献和成就，成为任何他梦想成为的人。

写完之后再回顾自己生活中的其他人时，一个表明你最可贵价值的清晰模式便会渐渐地显现出来。相信此时你也会知道自己的目标所在了，动力也会自然产生。

确定了自己的目标后，你便会从现在手头的无谓的工作中解脱出来，全身心地追求新选择的道路；你便会怀着从未体会到的激情和快乐，向自己的人生目标不断迈进，在这过程中你所感到的肯定是欢悦、充实和满足。

"梦想绝对重要，它不但调动我们的积极性，而且维持我们的人生。"正如思想家罗伯特·F·梅杰所说："如果你没有明确的目标，你很可能就走到了不想去的地方。"

我开的成人教育班上有一位学生，就为自己制订了一个未来10年的工作与生活计划目标。从她的目标中，你可以感觉到，她已经看到未来生活的影子了。或许我们大家都可以从中受到启示！

"我希望有一栋乡下别墅，房屋是白色圆柱构成的两层楼建筑。四周的土地用篱笆围起来，说不定还有一两个鱼池，因为我们夫妇俩都喜欢钓鱼。房子后面还要盖个都贝尔曼式狗屋。我还要有一条长长的、弯曲的车道，两边树木林立。为了使我们的房子不仅是个可以吃住的地方，我还要尽量做些有价值的事，当然绝对不会背弃我们的信仰，尽量参加教会活动。

"10年以后，我会有足够的金钱和能力供全家坐船环游世界，这一定要在孩子结婚独立以前早日实现。如果没有时间的话，我就分成四五次，做短期旅行，每年到不同的地方去游览。当然，这些要看我和我丈夫的生意是不是很成功才能决定，所以要实现这些计划，必须加倍努力才行。"

这个计划是5年以前制订的。她和她的丈夫当时拥有两家小型的"1元专卖店"，现在他们已经有了5家；而且已经买下17英亩的土地准备盖别墅。她的确是在逐步实现她的梦想。

过去或现在是什么样并不重要，你将来想要获得什么成就才是最重要的。你必须对你的未来怀有梦想，否则你就不会做成什么大事，说不定还会一事无成，而你的生活也就不会朝着丰富多彩的方向迈进。所以，如果想要使你的生活有所突破，到达很新且很有价值的目的地，首先一定要确定这些目的地是什么，也就是说，你必须知道，你梦想什么样的未来，梦想一场怎样的人生？确定了这些，人生之旅才会有方向、进步、终点和满足。

太阳下山时，每个灵魂都会再度诞生

我一再强调我们要学会掌控自己对失败所抱持的心态，我们可以把它看成一种"失"，也可以把它看成一次"得"的机会。

在莎士比亚的剧中，凶手布鲁特斯的一段台词正好表现出以消极心态面对失败的情形：

在人类的世界里有一股海潮，

当涨潮时便引领我们获得幸福，

不幸的是，他们的一生都在阴影和痛苦中航行。

我们现在就正漂浮在这股海潮上，

当它对我们有利时，就应该充分把握机会，

否则的话，必将在危险的航行中失败。

这是一位被判处死刑的人所说的话，他根本不了解引领人获得幸福的机会，或海潮绝不只有一个而已。

积极心态和上面的情形完全不同，马伦在他的一篇名为"机会"的诗中就写道：

当我一度敲门而发现你不在家时，

他们都说我没希望了，但是他们错了，

因为我每天都站在你家门口，

叫你起床并且争取我希望得到的。

我哭不是因为失去了宝贵的机会，

我流泪不是因为精华岁月已成云烟，

每天晚上我都烧毁当天的记录，

当太阳升起时又再度充满了精神。

像个小孩似的嘲笑已顺利完成的光彩，

对消失的欢乐不闻不问，

我的思考力不再让逝去的岁月重回眼前，

但却尽情地迎向未来。

如果你发现在每一次失败中都有等值利益的种子时，你就会接受马伦对失败的观点。记住，"当太阳下山时，每个灵魂都会再度诞生"。而再度诞生就是你把失败抛诸脑后的机会。

失败显露出坏习惯，我们要予以击败，以好习惯重新出发。

失败驱除了傲慢自大，并以谦恭取而代之，而谦恭可以使你得到更和谐的人际关系。

失败使你重新检讨你在身心方面的资产和能力。

失败借着使你接受更大挑战的机会增加你的意志力。

健身的人都知道，只是将杠铃举起来是没有用的，练习者必须在举起杠铃之后，以比举起时慢两倍的速度，将杠铃放回举起前的位置，这种训练称为"抗阻训练"，它所需要的力量和控制力，比举起杠铃时还要多。

失败就是你的抗阻训练，你不妨主动将自己拉回原点，并将注意力集中到拉回原点的过程上。利用这种方法，可以使自己再次出发后有长足的进步。

恐惧、自我设限以及接受失败，最后只会像莎士比亚所说的使你"困在沙洲和痛苦之中"，但是你可以借着信心、积极心态和明确目标来克服这些消极心态。

如果你把失败看成是激发你以新的信心和坚毅精神重新出发的契机，那成功只不过是时间上的问题罢了，而能否做到这一点的关键，就是你的积极心态。

记住，积极心态会带给你成功。当你在和失败战斗时，就是你最需要积极心态的时候。当你处于逆境时，你必须花数倍的心力，去建立和维持自己的积极心态。

同时也应运用你对自己的信心以及明确目标，将积极心态化为具体行动。这是从逆境和失败中所学到的最基本课程。

不理会那些小事

罗斯福夫人刚结婚的时候，她忧虑了好多天，因为她的新厨子饭做得很差。"可如果事情发生在现在，"罗斯福夫人说，"我就会耸耸肩膀把这事给忘了。"好极了，这才是一个成年人的做法。就连凯瑟琳女皇——这个最专制的女皇，在厨子把饭做得不好的时候，通常也只是付之一笑。

就像吉布林这样有名的人，有时候也会忘了"生命是这样的短促，不能再顾及小事"。其结果呢？他和他的舅爷在维尔蒙打了一场官司——这场官司打得有声有色，后来还有一本书记载着整个故事，书的名字叫《吉布林在维尔蒙的领地》。

故事的经过是这样的：吉布林娶了一个维尔蒙地方的女孩子——凯洛琳·巴里斯特，在维尔蒙的布拉陀布罗造了一间很漂亮的房子，在那里定居下来，准备度过他的余生。他的舅爷比提·巴里斯特成了吉布林最好的朋友，他们两个一起工作，一起游戏。

然后，吉布林从巴里斯特手里买了一点地，事先协议好巴里斯特可以每一季在那块地上割草。有一天，巴里斯特发现吉布林在那片草地上开了一个花园，他生起气来，暴跳如雷，吉布林也反唇相讥，弄得维尔蒙绿山上的天都变黑了。

几天之后，吉布林骑着他的脚踏车出去玩，他的舅爷突然驾着一部马车从路的那边转了过来，逼得吉布林跌下了车子。而吉布林——这个曾经写过"众人皆醉，你应独醒"的人——却也昏了头。后来，吉布林把巴里斯特告上了法庭，法官把巴里斯特抓了起来。接下去是一场很热闹的官司，大城市里的记者都挤到这个小镇上来，新闻传遍了全世界。事情没办法解决，这次争吵使吉布林和他的妻子永远离开了他们在美国的家，这一切的忧虑和争吵，只不过为了一件很小的小事：一车子干草。

平锐克里斯在2400年前说过："来吧，各位！我们在小事情上耽搁得太久了。"一点也不错，我们的确是这样子的。

我的朋友哈瑞·爱默生·傅斯狄克博士说了一个很有意思的故事——有关森林的一个巨人在战争中怎样得胜，怎样失败。

"在科罗拉多州长山的山坡上，躺着一棵大树的残躯。自然学家告诉我们，它曾经有400多年的历史。它初发芽的时候，哥伦布才刚在美洲登陆；第一批移民到美国来的时候，它才长了一半大。在它漫长的生命里，曾经被闪电击中过14次；400年来，无数的狂风暴雨侵袭过它，它都能战胜它们。但是在最后，一小队甲虫攻击了这棵树，那些甲虫从根部往里面咬，渐渐伤了树的元气，就只靠它们很小但持续不断的攻击，树倒在了地上。这个森林里的巨人，岁月不曾使它枯萎，闪电不曾将它击倒，狂风暴雨没有伤着它，却因一些小得用大拇指跟食指就可以捏死的小甲虫而终于倒了下来。"

我们不都像森林中那棵身经百战的大树吗？我们曾经历过生命中无数狂风暴雨和闪电的打击，都撑过来了。可是我们让自己的心被忧虑的小甲虫咬噬——那些用大拇指跟食指就可以捏死的小甲虫。

几年以前，我去了怀俄明州的提顿车家公园。和我一起去的是怀俄明州公路局局长查尔斯·西费德，还有一些他的朋友。我们本来要一起去参观洛克菲勒在那公园里的一栋房子，可是我坐的那部车子转错了一个弯，迷了路。等到达那座房子的时候，已经比其他车子晚了1个小时。西费德先生没有开那扇大门的钥匙，所以他在那个又热又有好多蚊子的森林里等了1个小时，等我们到达。那里的蚊子多得可以让一个圣人发疯，可是它们没有办法赢过查尔斯·西费德。当我们到达的时候，他是不是正忙着赶蚊子呢？不是的，他正在吹笛子，当作一个纪念品，纪念一个知道如何不理会那些小事的人。

别乐于做个失败者

一个叫南茜的女学生，原来最大的愿望是成为一名女演员。她在房间里塞满了戏剧方面的书籍；墙上贴满好莱坞伟大传奇人物的海报；那些登载有明星秘闻的期刊更是数不胜数。然而她的愿望没有实现。她说："我痛恨办公室的工作，可是我没有别的选择。我知道我是个失败者，可是我已无力挽回什么，我感到到处都是失败的气味！"

我们来看看南茜的父母和朋友的态度，他们也只把她的梦想视为是不可理喻的、根本不可能实现的幻想。于是南茜现在的文书工作，成为她倾泻生活中各种不满的容器。她自己认为，也许她乐于做个失败者，并且在一事无成中找寻自怨自艾的满足。

这个女学生的遭遇给我们的意义是：南茜自认在事业上"一败涂地"，而她自己没有做到这几点。

（1）找出自己真正想要的是什么。

（2）认清自己真正的长处与短处。

（3）有计划地发展自己的优势。

（4）有计划地改正错误，改善短处。

（5）努力为理想寻找机会。

（6）全心全力追求成功。

（7）建立自己的信心。

（8）协调希望与现实。

南茜对理想的态度是消极的，她只是一个命运的接受者而不是一个挑战者。这样的人多数认为生活和他人对自己是不友善的。"我一定会失败""我的工作出了问题""有人正在找我麻烦""生活就是充满了恶意"。这些或许就是这类人的心声。

美国南方的一个州，一直用烧木柴的壁炉作为冬天取暖的主要工具。在那里住着一个樵夫，他给某一人家供应木柴已经两年多了。这位樵夫知道木柴的直径不能大于18厘米，否则就不适合那家人的壁炉。可是，有一次，这位樵夫给这家人送去的木柴直径却大部分都超过了18厘米。当主顾发现后，打电话要求调换或重新把那些不合标准的木柴拿回去加工。但樵夫没有答应主顾的要求。

这个主顾只好亲自来做劈柴的工作，他卷起袖子，开始劳动。大概在这项工作进行了一半的时候，他发现了一根非常特别的木头。这根木头有一个很大的节疤，节疤明显地被凿开又塞住了。这是什么人干的呢？他掂量了一下这根木头，觉得它很轻，仿佛是空的，他就用斧头把它劈开了，一个发黑的白铁卷掉了出来。他蹲下去，拾起这个白铁卷，把它打开。他吃惊地发现里面包有一些50美元和100美元的钞票。他数了数恰好有2250美元。

很明显，这些钞票藏在这个树节里面已有许多年了。这个人唯一的想法是让这些钱回到它真正的主人那里。他拿起电话找那位樵夫，问他从哪里砍了这些木头。这位樵夫的消极心态让他采取一种排斥态度。他回答道："那是我自己的事，没有人会出卖自己的秘密。"然后他不问究竟就把电话挂断了。那位主顾无法知道钱的来历，只好无可奈何地接受了这份"礼物"。

樵夫提供的是不合要求的木柴，这是他没有职业操守和责任感；他以恶意揣测主顾的电话，这是他内心积累的负能量。这样的人沉溺于责任感缺失、理想匮乏、负面情绪之中。为了奋斗而受挫，不是失败者，而这类人是真正的失败者。

平衡内心的十条准则

关于平衡内心的问题，我在很多部作品中都提到过，我觉得人们内心的失衡大多由欲望膨胀所致。所以，我们要善于调控欲望，享受与珍惜自己所拥有的。这就是我给诸位女士最好的建议。试试这10个诀窍，相信你也会从中受益。

1. 克服虚荣心理

做到自尊自重，绝不能为了一时的心理满足，不惜用人格来换取浮华的东西。物质生活再富足，也无法弥补心灵的空洞。

2. 不要指望用金钱买到快乐

人们赚取金钱的实际数量对快乐与否无甚影响，关键是对自己的收入是否感到心满意足。

3. 抛弃完美主义

世上并不存在绝对完美，一个人也不可能拥有一切。用完美主义指导人生，就会终日沉湎于自我嫌弃和挑剔中，无法享受生活的快乐。与其空谈完美，不如踏实努力，抓住自己能够得到的东西。

4. 学会喜欢自己

据研究，拥有健康和自尊心的人，面对挫折时表现得较为坚强。

5. 正确对待舆论

他人的评论不应当影响自己的情绪，在冷言冷语中，最可贵的便是不为所动。不用在意别人拥有多少，关键是看清自己拥有多少。

6. 立刻停止抱怨

一个愁眉苦脸、唠唠叨叨的女人不仅毫无女性的美感可言，还会令身边所有人望而生厌。抱怨会让青春可人的女人提前进入衰老期。想要抱怨，先想想有什么用处，牢骚再多也解决不了实际问题，何况，并不仅仅是你有这样的麻烦，看看那些知足的女人是怎么做的吧。

7. 不为失去烦恼

失去的也许无法挽回，何必大惊小怪，耿耿于怀。一味地伤感于事无补，人生中还有更重要的事，调整心态去面对失去，想想自己能拥有的一切。

8.珍惜每一个时刻

快乐来自每天发生的一件件小事，而不是源于几件偶尔带来好运的大事。

9.锻炼

有氧锻炼和散步、跑步、游泳等，可以起到矫治轻度忧郁和焦虑，增添快乐的作用。

10.睡眠充足

充足的睡眠可以为身体重新"充电"，对保持头脑清醒和减轻低落情绪至关重要。

梦想缺失，人生如同梦游

设定明确的目标，是所有伟大成功的出发点。98%的人之所以失败，就是因为他们没有明确的目标，并且也从来没有踏出他们的第一步。

不能抱持正确目标而奋斗的人，就有如玩耍得意而意志消沉的儿童一样，他们不知道自己想要的是什么，总是茫然地噘着嘴。

行动的本身左右着人生。确定明确的人生目标，不论是对人生，或是对任何行动，都至关重要。

在生活中，有不少人缺乏明确的目标。他们就像地球仪上的蚂蚁，看起来很努力，总是不断地在爬，然而却永远找不到终点，找不到目的地。同样，在生活中没有目标，活动没有焦点，也会使你白费力气，得不到任何成就与满足。

当你研究那些已获得永久成功的人物时，你会发现，他们每一个人都各有一套明确的目标，都已制订出达到目标的计划，并且花费最大的心思和付出最大的努力来实现他们的目标。

社会无疑具有强大的同化作用，使得许多人都背离了人生的真谛，丧失了真情和本性。唯有我们自己真正想要的，才能使我们得到满足。放弃自身的愿望和需要，我们就会变得麻木不仁，对任何事都无动于衷。

每个人都做过梦：真实的梦，睡眠中的梦，小时候在作文本上写出的梦，与朋友闲聊时做的白日梦。然而，做梦的年龄过了之后，面对现实，为什么会有惆怅或失落？当然，最理想的是"美梦成真"，虽然不一定每个人都能如此，但也并非做不到。

人一旦有梦想有目标，自然就会为了实现它而发挥更大的心力，人生的光辉由此粲然可见。为什么呢？因为在为实现理想奋斗的过程中，人生的乐趣昭然若揭，人也就会更加精力充沛，此时人类原已潜在的脑力也会得到发挥。经常有意识地创造出这样的情势，使人生更成功、更丰富且充满乐趣，就是所谓的目标催化作用。

1952年的《生活》杂志登载了约翰·戈德的故事。

戈德15岁时，偶然听到年迈的祖母非常感慨地说：

"如果我年轻时能多尝试一些事情就好了。"

戈德受到很大震动，决心自己绝不能到老了还有像老祖母一样无法挽回的遗憾。于是，他立刻坐下来，详细地列出了自己这一生要做的事情，并称之为"约翰•戈德的梦想清单"。

他总共写下了127项详细明确的目标，里面包括10条想要探险的河、17座想要征服的高山。他甚至想要走遍世界上每一个国家，还想要学开飞机、学骑马。

他甚至想要读完《圣经》，读完柏拉图、亚里士多德、狄更斯、莎士比亚等10多位大学问家的经典著作。

他的梦想中还有要乘坐潜艇、弹钢琴、读完大英百科全书。当然，还有重要的一项，他还要结婚生子。

戈德每天都要看几次这份"梦想清单"，他把整份单子牢牢记在心里，并且倒背如流。

戈德的这些目标，即使在半个多世纪的今天来看，仍然是壮丽且不可企及的。那他究竟完成得怎么样呢？

在戈德去世的时候，他已环游世界四次，实现了127个目标中的103项。他以一生设想并且完成的目标，述说他人生的精彩和成就，并且照亮了这个世界。

每当我读起戈德的故事，便会不由自主地想到一句话：人生因梦想而伟大。

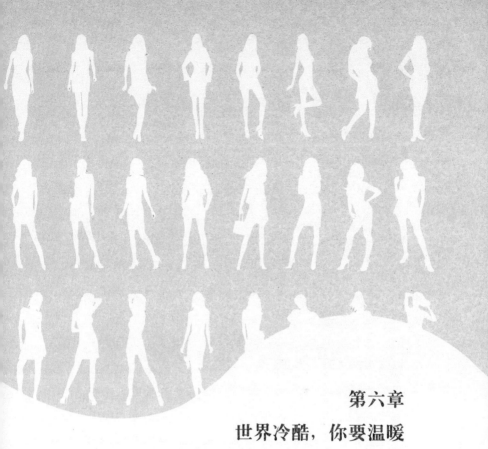

第六章
世界冷酷，你要温暖

　　一位少女最美好的棕榈枝，便是圣洁、纯净、
无可指摘的生活之花。

——巴尔扎克

了解并喜欢你自己

史迈利·布兰敦在一本书中写道："适当程度的'自爱'对每一个正常人来说，是很健康的表现。为了从事工作或达到某种目标，适度关心自己是绝对必要的。"布兰敦医师讲得很对。要想活得健康、成熟，"喜欢你自己"是必要条件之一。但这是表示"充满私欲"的自我满足吗？不是的。这应该是意味着"自我接受"——一种清醒地、实际地接受自己本来面目，并伴以自重和人性的尊严。

心理学家马斯洛在其著作《动机与个性》中也曾提到"自我接受"。他如此写道："新近心理学上的主要概念是：自发性、解除束缚、自然、自我接受、敏感和满足。"成熟的人不会在晚间躺在床上比较自己和别人不同的地方——不会担忧自己不像比尔·史密斯那样有信心，或是像吉姆·琼斯那么积极进取。他可能有时会批评自己的表现，或觉察到自己的过错，但他知道自己的目标和动机是对的，他仍愿意继续克服自己的弱点，而不是自悔自叹。成熟的人会适度地忍耐自己，正如他适度地忍耐别人一样。他不会因自己的一些弱点而活得很痛苦。

喜欢自己，是否会像喜欢别人一样重要呢？我们可以这么说：憎恨每件事或每个人的人，只是显示出他们的沮丧和自我厌恶。哥伦比亚大学教育学院的亚瑟·贾西教授，坚信教育应该帮助孩童及成人了解自己，并且培养出健康的自我接受态度。他在其著作《面对自我的教师》中指出：教师的生活和工作充满了辛劳、满足、希望和心痛，因此，"自我接受"对每名教师来说同等重要。今日，全美国医院里的病床，有半数以上是被情绪或精神出了问题的人所占据。据报道，这些病人都不喜欢自己，都不能与自己和谐地相处下去。

我并不想在此处分析导致这种情况的各种因素。我只是认为，在这个充满竞争的社会，我们往往以物质上的成就来衡量人的价值。再加上名望的追求、枯燥乏味的工作，处处都使我们的灵魂容易生病。我还坚信，普遍缺乏一种有力、持续的宗教信念，更是人们精神迷乱的重要因素。

哈佛大学的教授怀特在《进步：性格自然成长的分析》中谈起了目前社会很流行的一种观念：人应该调整自己去适应环境。怀特反驳说："这种观念认为一个人的理想状态就是能成功地压抑自己与适应狭窄的生活方程式，而不问这样做的结果是使人失去个性、目标和方向，遮蔽了人创造与发展的潜能。"

我非常赞同怀特博士的观点。很少有人有勇气特立独行或明白我们的真实处境。我们在行动之前就被社会文化和经济观念限制住了。从吃饭、穿着、生活方式和观念来看，我们和邻居如此相似。一旦我们某个不一样的行为与这种环境相异时，我们就会变得精神紧张或神经过敏，甚至于厌恶自己。

我认识的一个女性嫁给了一个野心勃勃、很有进取心、独断专行的政治家，于是，夫妇两人的社交圈就是所谓的名流圈子，里面充斥着以社会地位和金钱数量来权衡人的标准。这位女性温柔贤淑，有谦虚的性格。在这种环境中，她的优点都被别人认为的缺点所取代。她越来越自卑，直到讨厌自己。

在我看来，这位女士的关键问题不在于她无法适应环境，而在于她无法适应和接受自己，无法心平气和、快快乐乐地接受自己。她没有彻底明白一个人只能按照自己的性格而不可能按照别人的性格来行事。

她要做的第一件事就是不能用别人的标准权衡自己，她必须明确自己的价值观。然后自信地生活，并且善于和自己相处，消除厌恶自己的情绪。

夸大自己错误的程度和范围是讨厌自己的人经常做的事情之一，适当的自我批评是好事，有利于一个人的成长。但是演变为一种强迫性的观念时，就会使我们变得瘫痪，不能聚集力量做积极正面的事。

我的班上有一位女学员，她在班上说："我总是感到胆怯和自卑。别人好像都很沉着、自信。我一想到自己的缺点就感到泄气，就无法自如地说话了。"

每个人都有自己的缺点，但问题的关键不在于你有多少缺点，而在于你有多少优点。

决定一件艺术品和一个人的最终因素不是缺点。莎士比亚的作品中充满了错误的历史和地理的基本常识，狄更斯则尽力在小说中渲染伤感的气氛。但是谁计较呢？缺点并不妨碍他们成为一流的文学大师，因为优点才是最终的决定因素。我们在交朋友的时候也会感到对方存在缺点，但是我们喜欢和他们交往是因为我们喜欢他们身上的优点。

对以前和当前错误的过分计较会导致一个人的罪恶感和自卑感快速滋长，不用很久，我们就不再尊重自己，习惯性地对自己痛打50大板。所以，我们一定要让以前的事情沉到水底，然后游到水面上来重新呼吸新鲜空气。

要学会喜欢和接受自己，首先必须挖掘自己对缺点的包容心。包容不代表我们要降低对自己的要求，然后躺在床上睡大觉，而是明白人无完人。对别人求全责备是不公平的，要求自己完美更是一种极端的自我本位。

我认识的一位女性是个绝对的完美主义者，她要求自己做什么事情都没有疏漏。但在别人眼里，她是个失败的人。一个简单的报告，她需要折腾几个小时，耽误了自己和别人的时间；一篇主题演讲，她什么都要涉及和讲解，结果让听众百无聊赖；她绝不接待临时到访的客人，因为她没有任何准备。她绞尽脑汁追求完美，事实上，她的确做到了一种形式意义上的完美，但直接的代价是毁掉了生活中的理解、自然和乐趣。其实，完美并非完美本身，她是想超越别人，因为她不想自己在优点方面和别人处在同一水平线上，她想成为人群的焦点。所以，她做事并不是为了发挥自己的才能，也不是为了享受工作和生活的欢乐，只是为了超过别人，让自己在高高的完美的架子上昂起头。

人没有完美的，强迫性地对完美的追求一旦不成功，这个人就会变得讨厌甚至憎恨自己。

人不能时时刻刻都处在特别认真的状态中，学着喜欢自己的前提之一就是能偶尔放慢行进的脚步欣赏自己。其中的一个方法就是学会独处。

除非我们能与自己好好相处，否则很难期待别人会喜欢与我们在一起。哈里·佛斯迪克曾经观察那些不能独处的人，形容他们好像"被风吹袭的池水一样，无法反映出美丽的风景来。独处能使我们发现内在的休息港口，是我们与外界接触的基础"。安妮·马萝·林柏在其著作《来自海洋的礼物》中曾说过："我们只有在与自己内心相沟通的时候，才能与他人沟通。对我来说，我的内心就像幽静的泉水，只有在独处时才能发现它的美。"

独处能使我们更客观地透视自己的生命。《圣经》的诗篇里有一句忠言："要安静，便可知道我就是神。"这话至今仍是忠言。独处的确对我们的灵魂十分有益，就好像新鲜空气对我们的身体极有帮助一样。

如果你想让自己远离情绪化的泥潭，就请做到了解并喜欢你自己吧。

"我只有一只眼睛"

罗根·皮尔萨尔·史密斯用很简单的几句话说了一番大道理。他说："生活中应该有两个目标：第一，要得到你所想要得到的；第二，在得到之后要能够享受它。只有最聪明的人才能做到第二步。"

你想不想知道，怎样把在厨房水槽里洗碗当作一次难得的体验呢？如果你想的话，可以去看一本谈论令人难以置信的勇气并且很富启发性的书。作者是波姬儿·德尔，书名叫作《我希望能看见》。你可以到图书馆去借，或者到当地书店去买，或者向纽约市第5街60号的麦克米伦出版社直接函购。

这本书的作者是一个几乎瞎了50年之久的女人。"我只有一只眼睛，"她写道，"而且眼睛上还满是疤痕，只能透过眼睛左边的一个小洞去看。看书的时候必须把书本几乎贴在脸上，而且不得不把我那一只眼睛尽量往左边斜过去。"

可是她拒绝接受别人的怜悯，不愿意别人认为她"异于常人"。小时候，她想和其他小孩子一起玩跳房子，可是她看不见地上画的线，所以，在其他孩子都回家以后，她就趴在地上，把眼睛贴在线上瞄过去。她把伙伴们玩的那块地方的每一点都牢记在心，所以不久就成为玩游戏的高手了。她在家里看书，把书靠近她的脸，近到眼睫毛都碰到书面上。她得到两个学位：先在明尼苏达大学得到学士学位，再在哥伦比亚大学得到硕士学位。

她开始教书的时候，是在明尼苏达州双谷的一个小村子里，然后升到南达科他州奥格塔那学院的新闻学和文学教授。她在那里教了13年，也在很多妇女俱乐部发表演说，还在电台主持节目。

"在我的脑海深处，"她写道，"常常怀着一种怕会完全失明的恐惧，为了克服这种恐惧，我对生活采取了一种快活而近乎戏谑的态度。"

然后在1943年，也就是她52岁的时候，一个奇迹发生了。她在著名的梅育诊所施行了一次手术，这使她能比以前看清40倍。

一个全新的、令人兴奋的、可爱的世界展现在她的眼前。她现在发现，即使是在厨房水槽里洗碟子，也让她觉得非常开心。"我开始玩着洗碗盆里的肥皂泡沫，"她写道，"我把手伸进去，抓起一大把小小的肥皂泡沫，我把它们迎着光举起来。在每一个肥皂泡沫里，我都能看到一道小小的彩虹闪出来的明亮色彩。"

你和我应该感到惭愧，我们这么多年来每天生活在一个美丽的童话王国里，可是我们视而不见，吃得太好而不能享受。

一颗质朴、纯净的心

相对成年人来讲，儿童可以说是最懂得享受幸福的专家了，而那些能够保有孩童之心的成年人，更可以称得上是一个懂生活的艺术家。在这个复杂喧闹的社会中，能保持年轻人特有的幸福精神与要旨相当难能宝贵。如果要拥有永远的幸福，我们就不能够让自己的精神变得衰老、迟钝或疲倦，我们要始终以一颗单纯的心去面对生活。

有位老师问她一个7岁的学生："你幸福吗？"

"是的，我很幸福。"她回答。

"经常都是幸福的吗？"老师再问道。

"对，我经常都是幸福的。"

"是什么使你感觉幸福呢？"老师继续问道。

"是什么我并不知道。但是，我真的很幸福。"

"一定是有什么事物才使你幸福的吧？"老师继续追问着。

"是啊！我告诉你吧！我的玩伴们使我幸福，我喜欢他们。学校使我幸福，我喜欢上学，我喜欢我的老师。还有，我喜欢上教堂，也喜欢主日学校和老师们。我爱姐姐和弟弟，我也爱爸爸和妈妈，因为爸妈在我生病时关心我。爸妈是爱我的，而且对我很亲切。"老师认为在她的回答中，一切都已齐备了——和她玩耍的朋友（这是她的伙伴）、学校（这是她读书的地方）、教会和她的主日学校（这是她做礼拜之处）、姐弟和父母（这是她以爱为中心的家庭生活圈）。这是具有极单纯形态的幸福，而人们最高的生活幸福莫不与这些因素息息相关。

真正的幸福是很简单的，它就存在于我们生活的每一个细微之处。这些简单平凡的"小幸福"，要有一颗纯真、质朴的童心才能够体会得到。

　　我曾经有过一次简单幸福的体验，女士们，你们要知道，至今回想起来，我还觉得妙不可言。

　　有一次，我与一个和睦的家庭共同度过一个难忘的夜晚。次日清晨，我们在餐厅内共进早餐。这个餐厅最为别致之处就在于它四周的墙壁分别挂有男主人童年成长的乡村景观图片。图片中除了一一反映男主人的童年生活，还有高低起伏的丘陵、暖阳照耀的山谷、涟漪荡漾的小河……这些图片仿佛令人感受到小河在静静地流淌，在阳光之下尤其显得闪闪发亮。清澈的水流攀缘着岩石，在弯弯曲曲的径道中曲折而行。河流旁边则不规则地散落着许多小房子，而房子的中间耸立着外形如塔、形状高尖的教堂。

　　当大伙用过早餐之后，男主人欣然指着壁上的画，对大家讲起他从前的快乐回忆："我偶尔坐在餐厅中，看着壁上的画，不禁置身于往事之中。譬如，想起小时候的我总爱赤脚在小溪中走来走去，即使时日已远，但我仍然清楚地记得在我脚下的那些泥土是多么的细软纯洁。夏天时，我们在小河边钓鱼；春天时，我们则坐着木板从丘陵上一路滑下去。在童年的记忆中，最令我难以忘怀的还有那个高高尖尖的教堂……"

　　这位男士满脸洋溢着笑，继续说着："教堂里时时会举办盛大的布道会。尽管当时我什么也听不懂，只会静静坐着。但是现在想来，这也不失为一项幸福的回忆。现在，父母虽然均已永眠于教堂旁的墓地；但是，在回忆中、在墓地旁，均能清晰地想起过去的甜蜜光景，而父母的叮嘱声也仿佛近在耳边。有时，当我累了或精神紧张，我便坐在这儿安静地观赏教堂的画，它让我重拾旧时那段纯真无瑕的时光，它真的能带给我和平的心灵！"

或许并非每个人都有这么美丽的童年回忆，但是每个人都可以拥有一颗质朴、纯净的心灵。

让每分钟都充满简单的美

美国作家爱玛·洛蒙贝克有一篇著名的短文，写的是一位行将就木的老妇人对自己一生的追悔。

如果我能重新开始一生，那我一定要对传统的生活方式做出变更——我会邀请朋友来吃饭，即使地毯很脏、沙发很乱；

我会在考究的起居室里大吃爆米花，要是有人想生火，我绝不会计较满屋灰烬；

我会耐着性子，倾听老祖父唠叨他年轻时的事情；

严冬，我会穿着火红的裙子，赤足在雪地上一边漫步、一边沉思；

盛夏，我再也不怕赤日炎炎——我会让阳光将我全身灼得发痛；

我会背上我女儿的小书包，像天真的女学生，在亮晶晶的雨珠中欢笑、奔跑；

我会同我的孩子一起坐在草地上而全然不顾斑斑草渍；

当粉红色的蜡烛燃尽之际，我会将它雕成一朵玫瑰花；

毫无疑问，我会更多地分担丈夫肩上的责任；

如果我生病，我就上床休息——我再也不会傻乎乎地认为：要是我卧床不起，家里会乱作一团，地球也不会旋转；

当我的孩子突然奔来吻我时，我再也不会说，"等等，先去洗个脸……"我会有更多的爱情，也会有更多的遗憾……不过，有一点可以肯定：如果我再有一次人生，我要让每分钟都充满了奇异又朴素的美。

老妇人追悔莫及，她的追悔能够让你感觉到什么是生活中真正有价值的事了吗？生命的价值就存在于每一刻平凡的时光中，可能是阅读一本书，陪家人聊聊天；可能是目光对周围景物的一次停驻，留意身边的每一段时光，让每分钟都充满奇异而又朴素的美。

陀思妥耶夫斯基有一句名言，"人是不幸的，因为他不知道自己是幸福的"。不管命运之手是怎样，对我们有利还是不利，只要生活的任何一个瞬间可以落到我们头上，我们就使它变得尽可能美好，这既是一种生活艺术，也是理性生命的真正优越之处。

女士们，我想对你们说的，也正是我经常思考的问题——生活是一种选择，复杂或是简单，都是个人选择的结果。你可以保持内心的简单与朴素，为自己选择一种简单的生活，也可以用无意义的空虚来让生活变得复杂不堪。

为了追寻生命的意义，梭罗带着一把斧子走进森林，在那里生活了将近两年时间。这种返璞归真的生活方式让他得以远离现代物质文明的侵扰，深深思考生命的本质，智慧的光芒像清晨的阳光一样照耀着他。他思索着，为世人留下了不朽的名著《瓦尔登湖》。

他说："我来到森林，因为我想悠闲地生活，只面对现实生活的本质，并发掘生活意义之所在。我不想当死亡降临的时候，才发现我从未享受过生活的乐趣。我要充分享受人生，吸吮生活的全部滋养。"

梭罗走进山林是为了寻求生活的真正意义。脱离复杂的外部世界，他让自己置身于一种最简单、最自然的生活中，在大自然的启发下，在宁静的湖光山色中，他发现了很多原来未曾发现的生命的秘密。

简单的生活，可以把我们带到一个与世界的绝大部分似乎正在前进的方向截然相反的方向：远离炫耀显示、积聚财富、利己主义、公众曝光，追求一种更安宁、谦逊、坦诚的生活。在这种生活中我们能够更强烈地感受到生活的真正意义与乐趣。

沃德是一位法国人，他独自生活在法国东南部一块荒凉的土地上。他每天的生活很简单：到户外去种树。一年又一年，他不辞辛劳，一粒粒地播种、栽树。树开始长成森林，保存住了土壤里的水分，于是其他的植物也能够生长了，鸟儿们可以在这儿筑巢了，小溪可以流淌了，这儿又成了适合人类居住的绿洲。临终前，他用自己的辛勤劳作，完全改变和恢复了整个地区的自然环境。原来逃离那儿的人，又重新搬了回来，幸福地生活在这片土地上。

这是一个关于生活选择的故事：每天努力工作，为自己也为他人栽种希望，培育幸福。这个工作可能简单而普通，但它的影响力十分持久。

"新简朴运动"的发起人亚莉珊·斯泰尔女士认为，外界生活的简朴能够带给我们内心世界的丰富。斯泰尔女士认为文明只是生活外在的依托，成功、财富只是外在的荣耀，真正的幸福来自发现真实独特的自我，保持心灵的宁静，享受安静、充实的生活。例如，我们如果不是总显得那么忙碌，就可以推掉那些不必要的应酬，我们将可以和家人、朋友交谈，和他们分享一个美妙的晚上。然而生活中大部人总是把拥有物质的多少、外表形象的好坏看得过于重要，用金钱、精力和时间去换一种看上去似乎优越的生活，却没有察觉自己的内心在一天天枯萎，事实上，只有真实的自我才能让人真正的容光焕发。我们需求得越少，得到的自由就越多。

正如梭罗所说，"大多数豪华的生活以及许多所谓的舒适生活，不仅不是必不可少的，反而是人类进步的障碍。对于豪华和舒适，有识之士更愿过比穷人还要简单和粗陋的生活"。简朴、单纯的生活有利于清除物质与生命本质之间的樊篱。

心理学家说道："人越是舍弃动物的我，他的生命就越自由。对别人就显得更加重要，对自己来说，也越是充满欢乐。"舍弃了一味追求享乐的轻飘飘的生活，我们就能够开始一种真正充实快乐的生活。

用灿烂的笑影响周围的人

最近我在纽约参加了一个宴会，其中一位宾客是一个刚获得遗产的女士。她急于给每一个人留下良好的印象，于是在黑貂皮大衣、钻石和珍珠上面浪费了好多钱。但是她对自己的表情却没下什么功夫，她表现得冷漠、尖酸、自私。她没有发现，事实上，男人更注意一个女子的面部表情要多过她身上穿戴的衣饰。

你喜欢接触性情乖戾、忧郁、不快乐的人，还是喜欢接触快乐而热力四射的人？这些神情和态度在人群中是有感染性的。因此，你应该用灿烂的笑来影响你周围的人。微笑的力量是巨大的，孩子们天真的微笑使我们想起了天使；父母的微笑让我们感到温情；祖父的微笑让我们感到慈爱。拿最常见的事情来说，小狗见到主人时，那副欣喜若狂的样子就让人觉得小狗是最忠实的伙伴了。

加利福尼亚大学心理学教授詹姆斯·麦克尔教授表达了他对微笑的看法：微笑永远有魅力。当你在微笑时，你的精神状态最为轻松，全身肌肉处于松弛状态，而且，你的心理状态也相对稳定，当你充满笑意的眼光与别人的目光相遇时，你的笑意会通过这道"无形的眼桥"传递给他，他会被你的快乐情绪感染。自然而然地，你们之间的气氛会变得和谐。你们相处得融洽，交流起来也容易多了。反过来，如果你老是皱着眉头，挂着一副苦瓜脸，那没有人会欢迎你。想获得交往的乐趣，首先就必须使对方和自己快乐才行。

我曾提议许多实业家每天展现笑脸，这样持续一个礼拜，再把结果拿到训练班上发表。有一个学员是纽约股票场外经纪人，他的名字叫作瓦利安·史达哈德，他曾对我说：

"我已经结婚18年了，以前在家中，从没有对妻子展露笑容，可以说是世上最难伺候的丈夫了。为了完成关于笑的试验，我就试着笑一个礼拜看看。就在隔天早上，我边整理头发边对镜中板着脸孔的自己说：'嘿，今天收起这种不愉快的表情吧，让我看看笑容，赶快去笑吧！'早餐的时候，我就一面对太太说早安，一面对她微微一笑。

"我太太非常吃惊。事实上，不但如此，她简直是深受震撼。从此我每天都那样做，到目前为止，已经持续了两个月。态度改变以来的这两个月，前所未有的那种幸福感，使我们的家庭生活十分愉快。现在，每天走入电梯，我会对服务生微笑道早安，对守卫先生也以微笑招呼，在地铁窗口找零钱也这么做。即使在交易所，对那些没看过我笑脸的人，也都抱以微笑。

"不久，我发现大家也都还我一笑，而对于那些有不满、烦忧的人，我也以愉快的态度与其相处。在带着微笑倾听他们的牢骚后，问题的解决也变得容易多了，而且笑容也能使人增加很多财富。我也不再责备人，相反，懂得去褒扬别人；绝口不提自己所要的，而时时站在别人的立场体贴人。正因为如此，整个生活也发生了变化。现在的我和以前的我完全不同，变成一个收入增加、交友顺利的人了。我想，作为一个人，没有比这更幸福的了。"

我有一位朋友，名叫爱伦巴特·哈巴德，我想分享一段他曾说过的话，我认为这对各位女士来说同样有启发："出门时抬头挺胸，然后做个深呼吸，呼吸一下新鲜空气。笑脸迎人，诚心和人握手，即使被误会也别担心，且不要浪费时间去设想你的敌人，认真决定想做的事情，然后勇往直前。并且把心放在那些伟大光明的工作上。心理活动是微妙的，而正确的精神状态就是经常保持勇气、率直和明朗。正确的精神状态也具有优越的创造力。一切的事物都是由愿望所产生，而祈求者的愿望会得到回应。正确的思想就是创造，所有事情都来自欲望。昂起你的头，露出你的笑容吧！"

如果你不善于微笑，那么，强迫自己露出微笑。如果你是单独一个人，强迫自己吹口哨，或哼一支小曲，表现出你很愉快的样子，这就容易使你真的感知愉快。

按照已故的哈佛大学教授威廉·詹姆斯的说法——"行动似乎是跟随在感觉后面，但实际上行动和感觉是几乎并肩而行的。而控制行动就能控制感觉……因此，如果我们不愉快的话，要使自己愉快起来的积极方式是：愉快地行动起来，而且言行都好像是已经愉快起来……"

著名的推销保险人士之一的富兰克林·贝特格说，他好多年前就发觉，一个面带微笑的人将永远受欢迎。因此，在进入别人的办公室之前，他总会先停留片刻仔细想想必须感激这人的事，然后带着一个真诚的微笑走进去。他相信，这种简单的微笑技巧跟他推销保险的巨大成功有很大关系。

说到微笑在商业中的价值，弗莱奇在他奥本海默和卡林公司的一则圣诞节广告中，为我们提供了一点实用的哲学。

下面是这则广告的全文：

微笑在圣诞节的价值：

它不花什么，但创造了很多成果。

它使接受它的人满足，而又不会使给予它的人贫乏。

它在一刹那间发生，却会给人永远的记忆。

没有人富得不需要它，也没有人穷得不拥有它。

它为家庭创造了快乐，在商业界建立了好感，并使朋友感到亲切。

它使疲劳者得到休息，使沮丧者看到光明，给悲伤的人带来希望。

但它无处可买，无处可求，无处可偷，因为在你给予别人之前，它没有实用价值。

　　假如在圣诞节最后一分钟的匆忙购物中，我们的店员累得无法给予你一个微笑时，我们能请你留下一个微笑吗？

　　因为，不能给予别人微笑的人，最需要别人的微笑了。

给予彼此真诚的欣赏

　　多数男子寻求伴侣时，他们不是在寻找高级职员，而是寻求一个对自己具有诱惑，情愿奉承他们的虚荣心，使他们感到优越的女人。

　　如果一位女办公室主任应邀吃一次午餐，但她总是将大学时代的那些哲学思潮作为谈话的内容，甚至坚持自付餐费，那最后的结果只能是，自此以后独自吃午餐了。

　　反过来说，即使一个未进过大学的打字员，应邀吃午餐的时候，她能温情地注视着她的男伴，仰慕地说"再给我讲些有关你的事"。最后的结果可能是，他会告诉别人："她不是十分美丽，但我从未遇见过比她更会说话的人。"

　　每个男人都需要女性的欣赏和支持。"每一个男人事实上都是两个人，"查士德·斐尔爵士写道，"一个是他真正的自己，另一个是理想中的自己。"

　　如果一个人本来是羞怯的，他就想要勇敢些。如果

163

他并没有广受欢迎，他就想要被大众所喜爱。如果他缺乏信心，他就渴望成为毫不惧怕的人。

当一个女人成了一个人的妻子，那么，妻子的职责，就是帮助她的先生成为他理想中的那个人。

做妻子的人，永远别对你的丈夫轻易说"你失败了"，玛格丽特·芭宁在写给《四海杂志》的一篇文章里如此劝告我们——

"如果他真的失败了，他的老板会毫不迟疑地告诉他。但是在家里，在早餐的时候，在床上，人们应该勉励他——人人都可以成功的。那些向丈夫说'你无论如何也不会成功'的妻子，只会使这句话更快实现而已。"

这是千真万确的。一个女人经过明智选择说出的话，可以改变一个男人对自己的整个看法，使他变得更好，使他对生命有全新的看法。我到现在仍然记得一个叫作汤姆·强森的小伙子——他是个年轻的第二次世界大战的退伍军人。

汤姆·强森在战争中受了伤，他的一条腿有点残废，而且疤痕累累。幸运的是，他仍然能够享受他喜欢的运动——游泳。

有个星期天，他和他的太太在汉景顿海滩度假。做过简单的冲浪运动以后，强森先生在沙滩上享受日光浴。不久他发现大家都在注视他。从前他没有在意过自己满是伤痕的腿，但是现在他知道这条腿太惹眼了。

第二个星期天，强森太太提议再到海滩去度假。

但是汤姆拒绝了，说他不想去海滩而宁愿留在家里。他太太的想法不一样。"我知道你为什么不想去海边，汤姆，"她说，"你开始对你腿上的疤痕产生错觉了。"

"我承认了我太太的话，"强森先生说，"然后她向我说了一些我将永远不会忘记的话，这些话使我心里充满了喜悦。她说：'汤姆，你腿上的那些疤痕是你勇气的徽章，你光荣地赢得了这些疤痕。不要想办法把它们隐藏起来，你要记得你是怎样得到它们的，而且是骄傲地带着它们。现在走吧——我们一起去游泳。'"

汤姆·强森去了，他的太太已经除掉了他心中的阴影，甚至将会有更好的开始。

说到这儿，女士们，我还想再讲一个故事，故事的主角叫作艾礼·卡柏森，他是个杰出的桥牌手。有一次，卡柏森先生在访问中告诉我，说他1922年刚到美国的时候，不管做什么事都完全失败，那时，他还觉得自己是个最差劲的桥牌手。但是，当他娶了一位名叫约瑟芬·狄伦的桥牌老师，他的运道改变了。她说服他，使他相信自己是个很有潜力的桥牌天才。他太太的鼓励，终于使他选择桥牌作为职业。

是的，真诚的赞美和激赏，是值得尝试而能使男人发挥最大能力的有效方法。我们完全尽力了吗？没有人知道。有一天，你将会失去"两个丈夫"里头的一个。

我的祖母在98岁时死去。她去世前不久，我给她看了一张她30多年前拍摄的相片。她的老花眼已看不清相片，但她问的唯一问题是："那时我穿着什么衣服？"试想一想！一位生命只剩最后12个月的老太太，虽然年事已高，卧床不起，记忆力衰弱得几乎不能辨认她自己的女儿了，还注意自己30多年前穿的什么衣服！

对很多男人来讲，他们也许想不起自己5年前穿的什么衣服，什么衬衫，他们也丝毫没有兴趣去顾及它们，但女人则不同。法国上等社会的男子都要接受训练，对女人的衣帽表示赞赏，而且一晚不止一次。5000万的法国人不会都错的！

有一次，我在剪报的时候发现过这样一个故事，我知道不是真的，但它证明了一个真理。

有一位农家女，经过一天的辛苦以后，在她的男人面前放下了一大堆草。当他恼怒地问她是否发狂了，她回答说："啊，我怎么知道你注意了？我为你们男人做了20年的饭，在那么长的时间里，我从未听见一句话使我知道你们吃的不是草！"

莫斯科与圣彼得堡的那些养尊处优的贵族曾有很好的礼貌。上层人有一种风俗，当他们享受过丰美的菜肴时，坚持将厨师召入食堂，接受他们的恭贺。

现在，我需要对男士们说，为什么不同样体恤一下你的妻子？下次她烧鸡烧得很嫩，你就这样告诉她，使她知道你欣赏她的手艺——你不是只在吃草，或像格恩常说的："好好地捧一捧这位小妇人。"因为她们都喜欢这样被人赞赏。我想，女士们的确也是如此。

学着体谅面子，学着减少对别人的伤害

没有几个人具有逻辑性的思考，我们多数人都犯有武断、偏见的毛病，都具有固执、嫉妒、猜忌、恐惧和傲慢的缺点。因此，如果你很想指出别人犯的错误时，请在每天早餐前坐下来读一读下面的这段文字。这是摘自詹姆士·哈维·罗宾森教授那本很有启示性的《下决心的过程》中的一段话：

"我们有时会在毫无抗拒或热情淹没的情形下改变想法，但是如果有人说我们错了，反而会使我们迁怒对方，使自己变得更固执己见。我们会毫无根据地形成自己的想法，如果有人不同意时，我们会全心全意维护自己。不是那些想法对我们珍贵，而是我们的自尊心受到了威胁……'我的'这个简单的词，是为人处世关系中最重要的，妥善运用这两个字才是智慧之源。不论说'我的'晚餐，'我的'狗，'我的'房子，'我的'父亲，'我的'国家或'我的'上帝，都具备相同的力量。我们不但不喜欢说我的表不准，或我的车太破旧，也讨厌别人纠正我们对火车的知识、水杨素的药效或亚述王沙冈一世生卒年月的错误……我们愿意继续相信以往惯于相信的事，而如果我们所相信的事遭到了怀疑，我们就会找尽借口为自己的信念辩护。结果呢？多数我们所谓的推理，都变成了借口来继续相信我们早已相信的事物。"

167

有时候，一句或两句体谅的话，对他人态度做宽大谅解，这些都可以减少对别人的伤害，保住他的面子。

几年前，通用电气公司面临一项需要慎重处理的工作：免除查尔斯·史坦因梅兹的主管之职。史坦因梅兹在电器方面是一等天才，但担任计算部门主管却是彻底的失败。公司却不敢冒犯他。公司绝对奈何不了他，而他又十分敏感，于是他们给了他一个新头衔。他们让他担任"通用电气公司顾问工程师"——工作还是和以前一样，只是换了一项新头衔，并让其他人担任部门主管。史坦因梅兹十分高兴，通用公司的高级人员也很高兴。他们已温和地调动了这位最暴躁的大牌明星职员，而且他们这样并没有引起一场大风暴——因为他们让他保住了面子。

让他有面子！这是多么重要，多么极端重要呀！我们却很少有人想到这一点！我们残酷地抹杀了他人的感觉，又自以为是，我们在其他人面前批评一位小孩或员工，找差错，发出威胁，甚至不去考虑是否伤害到别人的自尊。然而，一两分钟的思考，一句或两句体谅的话，对他人态度做宽大的谅解，都可以减少对别人的伤害。下一次，我们在辞退一个佣工或员工时，应该记住这一点。

以下，我引用会计师马歇尔·格兰格写给我的一封信的内容：

开除员工并不是很有趣，被开除更是没趣。我们的工作是有季节性的，因此，在3月份，我们必须让许多人离开。没有人乐于动斧头，这已成了我们这一行业的格言。因此，我们演变成一种习俗，尽可能快点把这件事处理掉，通常是依照下列方式进行："请坐，史密斯先生，这一季已经过去了，我们似乎再也没有更多的工作交给你处理。当然，毕竟你也明白，你只是受佣在最忙的季节里帮忙而已"等。这些话为他们带来失望，以及"受遗弃"的感觉。他们之中大多数一生皆从事会计工作，对于这么快就抛弃他们的公司，当然不会怀有特别的爱心。我最近决定以稍微圆滑和体谅的方式，来遣散我们公司的多余人员，因此，我在仔细考虑他们每人在冬天里的工作表现之后，一一把他们叫进来，而我就说出下列的话：

"史密斯先生，你的工作表现很好（如果他真是如此）。那次我们派你到纽约华克去，真是一项很艰苦的任务。你遭遇了一些困难，但处理得很妥当，我们希望你知道，公司很以你为荣。你对这一行业懂得很多——不管你到哪里工作，都会有很光明远大的前途。公司对你有信心，支持你，我们希望你不要忘记！"

结果呢？他们走后，对于自己被解雇的感觉好多了。他们不会觉得"受遗弃"。他们知道，如果我们有工作给他们的话，我们会把他们留下来。而当我们再度需要他们时，他们将带着深厚的私人感情，再来投效我们。

在我的课程内有一个学期，两位学员讨论挑剔错误的负面效果和让人保留面子的正面效果。宾夕法尼亚州哈里斯堡的弗瑞·克拉克提供了一件发生在他公司里的事：

　　"在我们的一次生产会议中，一位副董事以一个非常尖锐的问题，质问一位生产监督，这位监督管理生产过程。他的语调充满攻击的味道，而且明显就是要指责那位监督的处置不当。为了不愿被他羞辱，这位监督的回答含混不清。这使副董事发起火来，严斥这位监督，并说他说谎。这次遭遇使之前所有的工作成绩，都毁于这一刻。这位监督，本来是位很好的雇员，从那一刻起，对我们公司来说已经没有用了。几个月后，他离开了我们公司，为另一家竞争对手的公司工作。据我所知，他在那儿还非常称职。"

　　另一位学员，安娜·马佐尼提供了在她工作上非常相似的一件事，所不同的是处理方式和结果。马佐尼小姐，是一位食品包装业的市场行销专家，她的第一份工作是一项新产品的市场测试。

　　她在班上说："当结果出来时，我可惨了。我在计划中犯了一个极大的错误。整个测试都必须重来一遍。更糟的是，我在下次会上提出这次计划的报告之前，没有时间去跟我的老板讨论。轮到我报告时，我真是怕得发抖。我尽了全力不使自己崩溃，因为我知道我绝不能哭，而那些人以为女人太情绪化而无法担任行政业务。我的报告很简短，只说是因为发生了一个错误，我在下次会议会重新再研究。我坐下后，心想老板定会批评我一顿。但是，他只谢谢我的工作，并强调在一个新计划中犯错并不是很稀奇的事。而且他相信，第二次的普查会确实对公司更有意义。散会之后，我思想纷乱，下定决心绝不会再让我的老板失望。"

这不禁让我想起了传奇性的法国飞行先锋和作家安托安娜·德·圣苏荷依的一句话："我没有权利去做或说任何事以贬抑一个人的自尊。重要的并不是我觉得他怎么样，而是他觉得他自己如何，伤害人的自尊是一种罪行。"

培育成熟之爱

爱是世界上谈论最多，却也是最不易弄清楚的一个课题。爱激发了艺术家的灵感，是婚姻和家庭的基础——失去或缺乏爱，会使人格破碎或阻碍人格的正常发展。

我们大多数人往往对爱具有狭窄、单向的概念，而且完全从家庭或性关系的角度来理解它，同时将它和占有、自负、姑息、依赖等混淆在一起。

直到后来，爱才被认为是一个严肃的科学课题。许多心理学家、医生和科学家给予爱更多的思考和研究，将它视为人类的基本需要，以及还未加以探索的人类事务中一大影响和力量的源泉。基于这些发现，我们可能要对爱的一些传统观念加以修正和扩充。

爱和成熟有什么关系呢？罗洛·梅伊博士回答了这个问题。他在《人的自我追寻》一书中写道："能够付出和接受成熟的爱，是一个符合我们为完全人格所定的标准的人。"

梅伊博士同时断定大多数人都不知道如何付出和接受爱，一般人爱的观念既矫情又幼稚。例如，一个将一生完全奉献给自己的丈夫和子女，以至于与世界其他一切完全隔绝的妈妈，她的占有欲就胜过她的爱。真正的爱不是局限，而是扩展。一个崇拜女人到无法找到任何可以与之相比的东西的男人，不该被看作是"有爱心的"男性的模范——他是感情发展受到局限，仍然停留在婴儿时期依赖心态的一个案例。依恋和爱是两回事儿。

也许先弄清楚什么不是爱，再来肯定那种使得人格增强、成熟的爱比较容易些。

首先，爱与我们经常在电影中看到的那种男女相会、玫瑰与香槟式的罗曼史，或小说家偏爱的那种性剥削的激情少有相关之处。爱不限于年轻美貌的人。

泌尿科专家和美国婚姻顾问协会主席亚伯拉罕·史东博士告诉我们，当我们说"我爱"时，其真正的意思大多是"我要""我想要拥有""我从……得到满足""我利用"甚至是"我感到罪恶"。这是科学家所谓的"假爱"。

许多父母用"爱"作为放纵子女的借口。实际上，他们是在以溺爱来推卸自己的责任，并不是在帮助子女成长。纽约杜布斯波克的儿童村，是一个致力于重新训练需要指导的问题儿童的机构。其理事史泰龙说："每一天我们都在解除将爱与姑息混淆的父母所造成的伤害。"

成熟之爱的观念是耶稣说"爱邻如爱己"时心中所抱持的那种观念；是柏拉图在《对话录》中所分析的那种爱——从个人的关系开始，扩展到全人类和宇宙。爱的要素都是相同的，不管是夫妻之间的爱、父母与子女之间的爱或个人与全人类之间的爱。

人类之间的真爱不但不会阻碍人的成长，而且它还会肯定人的其他方面的人格，促进其成长发展。

我认识的好多父母常常对女儿的婚姻愤愤不已，只因为女儿企图嫁到某个遥远的地方。记得有一个母亲曾悲叹说："为什么简就不能找一个本地男孩结婚？我们也好经常见到她。我们为她奋斗了一辈子，而她却这么报答我们，去嫁给一个把她带到千里之外的地方去的人！"

如果你说她这样做并不是爱自己的女儿时，她一定会很吃惊。但她确实是将占有和满足自我跟爱弄混淆了。

爱的真谛不是紧紧守住自己所爱的人，而是放手任他（她）走。成熟的人不会占有任何人的感情，他让所爱的人自由，就如同让自己自由一样。与其他的创造性力量一样，爱也存在于自由之中。

作家普瑞西拉•罗伯逊在《竖琴家》杂志上为爱下过这样的定义："爱，就是给你爱的人他所需要的东西，为了他而不是为了你自己。想想别人把你所需要的东西送给你时的感受。爱包含给予孩子他们所需要的独立，而不是那种所谓的'家长主义'的剥削和专制。爱包含各种性关系，但不是对自负或青春的狂乱追求的那种性格的利用。我的定义还包括那些曾经让你明白自己是哪种人、你会成为哪种人的少数几个人——老师和朋友。它也包含善良——对全人类的关怀，它不是给一个需要面包的人投以石头，也不是在他需要理解时给他面包。

"我们认识好多总是自作聪明的'善心'人，他们把我们不想要的硬塞给我们，而愚蠢地留住我们需要的东西。我认为这些人不应归入有爱心的人的行列，而且我想心理学家们也会得出他们无用的爱心不经意地制造了敌意的结论。"

没有什么比"爱是盲目的"这句老话更能误导一个人了。只有擦亮爱的眼睛，我们才能看清身边的人们。我们体内有一个随意或冷漠的自我，一个我们怕招致伤害或误解而宁愿隐藏起来的敏感、封闭的自我。我们采用各种姿态或伪装保护它——沉默、害羞、进取、坚强等等，内心却又一直希望有人会帮助我们发掘内在的真正自我。爱可以透视人心，具有特殊的洞察力，它能为"她爱他什么"这个永恒的问题提供答案。

关怀我们所爱的人的成长和发展，肯定和鼓励他们个性化的存在，尊重他们的本来姿态，创造自由和温情的气氛，这些都是想要学会爱所应持的态度。爱为他人提供了可以在爱中成长的土壤、环境和营养。

嫉妒是一种经常与爱混为一谈的感情。事实上，它是我们对自己激发爱的能力缺乏自信的结果，以及一种占有、俘虏他人的欲望。用付出来取代这种占有的欲望就可以克服嫉妒。在此举一个克服嫉妒学会爱人的女人的例子。

她说："我曾陷入嫉妒中无法自拔。我活在怕失去丈夫的恐惧之中。并不是他给了我嫉妒的任何理由，如果是这样，我反而会少受一点痛苦，因为这样一来，就可以避免那些恐惧和因神经质而自我想象出来的羞辱感。我偏执得像卡通电影里那些可笑的妻子一样搜丈夫的口袋，查看汽车烟灰缸里的东西。我常常哭着入睡，白天又生出一些新的疑心。

"有一天，我照镜子。我看见一个不可爱的人——我自己。头发散乱、没有化妆、面容憔悴——而我穿的衣服看起来就像套在扫帚柄上的一个大袋子一样！'海伦，'我对自己说，'你怕失去丈夫。如果你真的失去了他，你能怪他吗？你想怎么办？'我决心实行一个计划。我开始减少擦地板和家具的时间而多留心自己的仪表。我每天下午都休息，增加了一些非常需要的体重。而且找到一份卖化妆品的工作，并学习使用化妆品。当我开始显得比较好看，感觉上也比较舒服时，我发现自己的态度慢慢地改变了。丈夫也感觉到了我的变化，他的反应扫除了我心中的疑云。我利用原来浪费在嫉妒上的精力，使自己成了我丈夫理想中的妻子。"

女人一旦了解到爱不是命令而是肯定时，她便获得了爱的能力。

当我们发现占有、嫉妒和支配这些异质的因子进入我们心中时，对他人真实的爱便会逐渐消失。如果让野草肆意蔓生而不加以清除的话，世界上最美的花园都会荒芜。

家庭关系出现悲剧的原因之一，是我们经常不知不觉地以爱的名义给他人造成伤害。过分严厉的父母告诉自己说之所以那样做是"为了小孩好"；溺爱纵容的父母说他们是为了子女的"幸福"着想。俄亥俄州哥伦布的S. P. 艾伦太太讲述了有关这方面难题的一个动人故事。几年前，艾伦太太在和她丈夫离婚之后，发现自己面临着照顾自己和两个小孩的重任，她被母兼父职的责任压得喘不过气来。她感到为了培养好他们必须要严厉地管教他们。

"我定下规矩，"艾伦太太说，"不接受任何借口。我不和小孩商量或者费心地去听他们的意见——而且还严格告诉他们什么时候必须做什么事。他们没有独立思考的机会，只有一套必须遵守的规则。

"我们家发生了微妙的变化。刚开始，小孩们一见到我就躲开。他们躲避我任何示爱的企图。最后我了解到他们怕我，怕他们的妈妈！

"我反省了一下自己，得出结论，我的所作所为的出发点根本不是为孩子着想，我不过是把自己因离婚产生的压抑情绪发泄到他们身上。我在让孩子无形中承担我个人过错造成的苦难。难怪他们做出明显的反应，虽然他们还不了解。

"我开始破除这种压在他们身上的无形的压力。我向上帝求援，试着从新的角度发现孩子，首先把他们当作人，而不是作为负担或责任看待。我放下一些家务，抽时间多跟孩子在一起，陪他们玩游戏或到一些有趣的地方去。我学会了指导他们而不是只会下命令。

"当我的心情放松下来时，欢笑和歌声又重新回到了我们中间。爱、温情与快乐在我和孩子们的身上互相反映，我们的关系得到恢复进而增强。有了这样的气氛，所有问题都变得简单而容易解决。"

艾伦太太学到的是爱，而且学会了用爱去治疗家庭生活的创伤。

爱的能力，不仅决定着我们与家人的亲密程度，也决定了我们与他人的关系。我们对朋友、工作、住地和世界的态度，大多由我们对家庭付出和接受的那种爱来决定。

心理学家米尔顿·格林布拉特说："如果一个孩子能接受爱的教育，那么他懂得了自爱和爱他的家人，直至以利他主义者的胸怀真诚地爱所有的人。"

亚希莱·孟德斯博士在他的《人类发展的方向》一书中指出，几乎所有的宗教都认为，生活和爱其实是同一个概念。他总结道："现在看来很明显，人类能够依赖指引他们未来发展方向的主要原则只能是爱。"

只把爱留给家人和亲近朋友的观念是错误的。我们越是爱别人，就越容易获得爱的能力。爱充满在整个人格之中，爱是散布光辉在一切活动上的重大能源。有爱心的人总是对工作、同胞和生命充满热情，他们健康而长寿。

拥有成熟的爱的观念对我们每一个人来说都是非常重要的事。在美国，每一年都有40万对夫妻离婚，而且还有成千上万的婚姻岌岌可危。就世界范围来讲，世上一直存在着国家分裂、种族对抗、国与国的对立和战争的现象。人类如果想继续生存下去，就必须学会和谐相处。

拥抱着面对一切

许多女人都认为，丈夫应该肩负所有的责任，不管时机是好是坏。但有时候为了拖出陷在泥塘里的车子，当妻子的也需要付出努力。

约瑟夫·艾森保在一家洗衣店当了25年的送货员，突然间被解雇了。

一个没有受过特殊训练的人，想要找个职位是很困难的，对中年人来说尤其不容易。当艾森保夫妇正在为找不到工作发愁的时候，正好有一家面包店要出售。价钱还算合理，但是必须把他们所有的积蓄都投资进去。

这只是开始而已。艾森保太太知道，在生意还没有做稳以前，他们没有能力雇人帮忙。于是她便积极努力地拓展新事业。那时候，除了做打扫、洗刷、做饭等家务，她每天还要在面包店里站上8～10个小时——这些劳苦足以使任何一个人感到泄气。

"但是，"珍妮·艾森保说，"我高高兴兴地做着这些事，因为我知道，这是我丈夫重新闯天下的一个机会。

"现在，面包店已经开了5年了，生意相当好。我们的经营很成功，而且一直扩展到足够应付一切需要。我们能够以自己的努力建立这个事业，实在很值得骄傲。"

有许多家庭在碰到像艾森保先生失业的这种难题以后，由于妻子不愿意帮助丈夫挽救这个情况，导致整个家庭经济开始走下坡路。

家庭生活里的某些危机，例如欠债、疾病，或是丈夫失业，常常需要妻子去做更多工作。这种帮忙是广义的夫妇搭档的一种行动——因为妻子是在为家庭的幸福工作，而不是以拥有自己的事业来达到自我满足。这是一种所谓的"紧急措施"。

我认识一位女士，她在这种情况下做得很好，甚至为整个家庭创造出了新的生活意义。她就是强纳生·威特·史坦太太。她和她的丈夫与五个小孩住在新泽西州。

史坦先生是个推销员。好几年前，一场重病使他无法全力工作。于是，他的妻子开始面临养活这个大家庭——三个孩子和一对双胞胎的难题。

史坦太太很快复习了一下她拿得出的本事。她对于办公室的工作没有经验，也没有才能。她做得最好和最喜爱做的事情，就是制作餐点：小孩子的生日点心、结婚蛋糕、宴会甜饼。从前她常常替朋友们做一些特别的餐点，但那只是因为她喜欢做而已。玛格丽特•史坦把她心里的想法告诉了一些人，于是她的朋友开宴会的时候，都特地请她去做。她制作的精致而不寻常的餐点，都是那么可口，很快得到了赞赏。更多的订单源源而来，使她必须训练助手来帮助她。由于所有的餐点都是在她自己的厨房做的，她的丈夫和孩子们就都来帮助她。后来，生意愈做愈大，玛格丽特就成为一个专办酒席餐点的人，并且做了宴席顾问。

后来，她的生意发展到了必须雇请一位长期帮手的程度。她把自己最著名的开胃菜包装后，送到冷冻食品市场去卖，并且为周围50英里内的宴会准备餐点。

玛格丽特•史坦的紧急措施是如此成功，史坦先生现在已经全天上班做个营业经理了，他和他的妻子有最完美的合作。"我讨厌价钱、成本和账单，"史坦太太说，"我忙于研究新的方法，来准备供应我的特制餐点。让我的丈夫来照料所有生意上的细节可真是一项最伟大的事。"

我们大家都无法预料将来会发生什么意料之外的困难，使得我们的经济来源突然中断，迫使我们必须亲自去赚取部分或全部的家庭开支。那么，为什么我们现在不马上去寻找可以应用的才能，来看看如果发生意外的时候，我们是否有足够的准备，去面对这个突发状况？

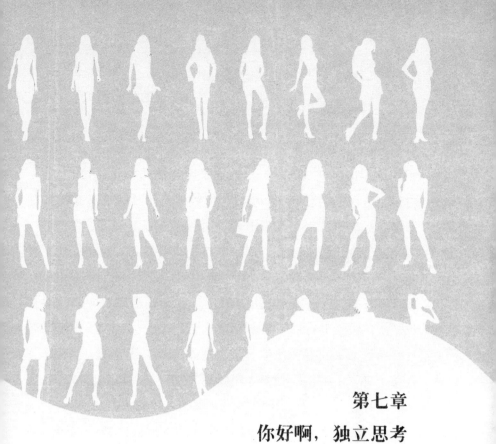

第七章

你好啊，独立思考

没有香气的女人最好闻。

——普劳图斯

亲爱的，你要保持本色

我有一封伊笛丝·阿雷德太太从北卡罗来纳州艾尔山寄来的信。"我从小就特别敏感而腼腆，"她在信上说，"我的身体一直太胖，而我的脸使我看起来比实际上还胖得多。我有一个很古板的母亲，她认为把衣服弄得漂亮是一件很愚蠢的事情。她总是对我说：'宽衣好穿，窄衣易破。'而她总照这句话来帮我穿衣服。所以我从来不和其他孩子一起做室外活动，甚至不上体育课。我非常害羞，觉得我跟其他人都'不一样'，完全不讨人喜欢。

"长大之后，我嫁给了一个比我年长好几岁的男人，可是我并没有改变。我丈夫一家人都很好，也充满了自信。他们就是我应该是而不是的那种人，我尽最大努力要像他们一样，可是我办不到。他们为了使我开朗而做的每一件事情，都只是令我更退缩到壳里去。我变得紧张不安，躲开了所有朋友，情形坏到甚至怕听到门铃响。我知道我是一个失败者，又怕我的丈夫会发现这一点。所以每次当我们出现在公共场合的时候，我都假装很开心，结果常常做得太过分，事后我会为这个难过好几天。最后不开心到使我觉得再活下去也没有什么道理了，我开始想自杀。"

出了什么事才改变这个不快乐的女人的生活？只是一句随口说出的话。

"一句随口说出的话，"阿雷德太太继续写道，"改变了我的整个生活。有一天，我的婆婆正在谈她怎么教育她的几个孩子，她说，'不管事情怎么样，我总会要求他们保持本色。'

"'保持本色'——就是这句话！那一刹那，我才发现我之所以那么苦恼，就是因为我一直试着让自己适合一个并不适合我的模式。

"一夜之间，我整个人改变了，我开始保持本色。我试着研究自己的个性，试着找出我究竟是怎样的人。我研究我的优点，尽我所能去学色彩和服饰上的学问，尽量以能够适合我的方式去穿衣服。我主动交朋友，我参加了一个社团组织——开始是一个很小的社团——他们让我参加活动，把我吓坏了。可是我每一次发言，就增加了一点勇气。这事花了很长一段时间，可是今天我所有的快乐，却是我从来没有想到可能得到的。在教养孩子时，我也总是把自己从痛苦的经验中学到的结果教给他们：'不管事情怎么样，总要保持本色。'"

"保持本色的问题，像历史一样古老，"詹姆斯·高登·季尔基博士说，"也像人生一样普遍。"不愿意保持本色，是很多精神和心理问题的潜在原因。安吉罗·帕屈在幼儿教育方面曾写过13本书和数以千计的

183

文章，他说："没有人比那些想做其他人，和除他自己以外其他东西的人，更痛苦的了。"

这种希望能做跟自己不一样的人的想法，在好莱坞尤其流行。山姆·伍德是好莱坞最知名的导演之一。他说在他启发一些年轻演员时，碰到的最头痛的问题就是这个：要让他们保持本色。他们都想做二流的拉娜·透纳，或者是三流的克拉克·盖博。"这一套观众已经受够了，"山姆·伍德说，"最安全的做法是：要尽快丢开那些装腔作势的人。"

最近我请教素凡石油公司的人事室主任保罗·包延登，来求职的人常犯的最大错误是什么？他应该知道的，因为他曾经和6万多个求职的人面谈过，还写过一本名为《谋职的6种方法》的书。他回答说："来求职的人所犯的最大错误就是没有保持本色。他们不以真面目示人，不能完全地坦诚，却给你一些他以为你想要的回答。"可是这个做法一点用也没有，因为没有人要伪君子，也从来没有人愿意收假钞票。

我知道有一位公共汽车驾驶员的女儿就是很辛苦才学到这个教训，她想当歌星，但不幸的是她长得不好看，嘴巴太大，还长着龅牙。她第一次在新泽西的一家夜总会公开演唱时，一直想用上唇遮住牙齿，她企图让自己看起来显得高雅，结果却把自己弄得四不像，这样下去她就注定要失败了。

幸好当晚在座的一位男士认为她很有歌唱天分，他很直率地对她说："我看了你的表演，看得出来你想掩饰什么，你觉得你的牙齿很难看？"那女孩听了觉得很难堪，不过那个人还是继续说下去，"龅牙又怎么样？那又不犯罪！不要试图去掩饰它，张开嘴就唱，你越不以为然，听众就会越爱你。再说，这些你现在引以为耻的龅牙，将来可能会带给你财富呢！"

这个姑娘就是凯丝·达莱，她接受了那人的建议，把龅牙的事抛诸脑后，从那次以后，她只把注意力集中在观众身上。她开怀尽情地演唱，后来成为电影及电台中走红的顶尖歌星，现在，别的歌星倒想来模仿她了。

就像爱默生在他那篇《论自信》的散文里所说的——"在每一个人的教育过程中，他一定会在某个时期发现，羡慕就是无知，模仿就是自杀。不论好坏，他必须保持本色。虽然广大的宇宙之间充满了好的东西，可是除非他耕作那一块给他耕作的土地，否则他绝得不到好收成。他的所有能力是自然界的一种新能力，除他之外，没有人知道他能做些什么，他能结什么，而这都是他必须去尝试求取的。"

下面是一位诗人——已故的道格拉斯·马罗区——所说的：

如果你不能成为山顶的一株松，

就做一丛小树生长在山谷中，

但须是溪边最好的一小丛。

如果你不能成为一棵大树，

185

就做一丛灌木。

如果你不能成为一丛灌木，就做一片绿草，

让公路上也有几分欢娱。

如果你不能成为一只麝香鹿，就做一条鲈鱼，

但须做湖里最好的一条鱼。

我们不能都做船长，我们得做海员。

世上的事情，多得做不完，

工作有大的，也有小的，

我们该做的工作，就在你的手边。

如果你不能做一条公路，就做一条小径。

如果你不能做太阳，就做一颗星星。

不能凭大小来断定你的输赢，

不论你做什么都要做最好的一名。

正视生命中应负的责任

作为一个成年人，我想，一个人迈向成熟的第一步，便是要勇于承担自己应负的责任！绝对不能在受挫和犯错的时候，像一个小孩子似的去找一个替罪羊来推卸责任。

但是，女士们，仔细一想，那种孩子式行为的也并不奇怪，毕竟责怪别人比自己担负责任肯定要轻松容易，也好做得多！检视一下自己的生活，你会发现，如

果我们需要借口的话，责怪父母、老师、环境、上司、丈夫、儿女的确比较容易，有必要的话，我们还可以责怪祖先、政府以及整个社会，实在找不出借口的话，我们还可以责怪命运之神的不公。

对那些不成熟的人来说，他们似乎永远都能给自己的缺点和不幸找到开脱的理由，当然，都是些他自身之外的理由。比如，他们有一个极为悲惨的童年；他们的双亲不是太穷就是太富；双亲对他们的管教不是太严就是放纵；他们没有受到教育，或者他们总是忍受着疾病的无情折磨等。

也有些人总是埋怨丈夫或妻子不理解自己，或觉得运气欠佳，似乎命运之神总和他们作对。有时让人禁不住感到奇怪：似乎整个世界都在和这些人过不去似的！其实，对这类人来说，他们只会顺手找个替罪羊，却从未真正设法去克服面临的挫折和困难。

我知道有这么一个女孩子，她常常向别人抱怨母亲如何对自己的一生造成了不好的影响。

这个女孩自幼丧父，守寡的母亲为了维持生活和女儿的教育支出，只得外出工作。

由于母亲工作很有能力，加上自身的勤奋，她成了一位极有成就的女实业家。母亲细心地呵护女儿，让女儿接受最好的教育，可最终结果是，女儿并不领情！原因何在呢？原来母亲刻意给她的一切，并没有让她感到舒适，她反而自始至终都感受到了一种巨大的压力。这个压力是什么呢？就是她母亲的成功！女儿把母亲的成功看成了对自身要求的一种巨大的、无形的压力！

这个可怜的女孩宣称：自己的生活完全被母亲给毁了，因为在她与母亲之间，她始终感到一种使人急迫、让人紧张的"竞争感"。而她的母亲却十分困惑地说："我实在搞不明白这个孩子。这么多年来，我一直辛苦工作，为的就是给她创造一个比我当年更好的条件。但现在看来，实际上，我好像只是给她增添了一种无形的压力。"

假如有人正好告诉你：你一切烦恼的根源，都来源于你有一位占有欲过度的母亲，或者一个严苛专制的父亲。这样的说法能让你感到舒服和安慰，如果你恰好又付得起诊疗费的话，你就一辈子都依靠这些心理学上的拐杖吧。显然，对你来说，这是一个切实可行的借口。

威廉·考夫曼博士在一篇名为《愚人的精神病医学》的精彩论文中，揭露了那些利用大众的愚蠢来发财的"心理医生"。考夫曼博士指出，许多向心理医生求助的病人，通常都喜欢"为自己的缺陷和与世俗格格不入的古怪行为找到一个心理学上的借口"。

如此一来，他们似乎就得到了某种精神上的安慰。心理学也乐于为那些面对成人生活显得手足无措的人提供各种合理的解释。于是，便有更多的人乐于接受这种解释，继续把他们遭遇的诸多麻烦，怪罪于存在的各种因素。

早在16世纪，星相学就受到人们追捧，人们怪罪的对象就是那些显然无辜的星座。"我出生的星座不好"，或"我没有一个幸运的星座佑护我"成了当时人们对自身所遭受的困难和不幸的常见借口。

但是，莎士比亚在《恺撒大帝》一剧当中，借卡西阿斯之口大胆地断言："亲爱的布鲁特斯，我们位低人卑，但这过错并非由我们所属的星座造成，而是由于我们有一种听命的习惯。"

英国的都铎王朝有个奇怪的习俗，就是每个王子都配有所谓的"替罪男孩"。因为惩罚王子是一种大逆不道的行为，对王子不可随便冒犯，但小孩子难免会有顽皮不守规矩的时候，为了让属下谨记不可冒犯王子的规定，都铎王朝便花钱替王子雇用一个穷人的小孩，以充当王子犯错受罚时的"替罪羊"。据说，当时这种"替罪羊"的职业还十分热门，许多人都抢着要当，这不仅仅因为这份工作薪水很高，还因为借此会有不少晋升的特权和机会。

如今，王子的"替罪羊"这一传统早已消亡。但是对那些犯了过错的幼稚或不成熟的人来说，寻找"替罪羊"的本能冲动依然存在。如果他们实在找不出合适的责怪对象，还可以责怪多变的时代、生活的不安定、国际形势的混乱不堪，或是其他一些让人听起来十分动听的借口。

对那些希望自己并不仅仅只是年龄的增长，同时还渴盼着心灵成熟的人来说，一定要记住成熟的法则之一就是：要为自己的行为负责，并勇于承担相应的后果，绝不找其他什么推脱的借口！

理性女性：超越愤怒

自己该怎样发火，别人冲你发火你该怎么办，这对很多女士来说非常难于把握。因为她们认为发火就算不是禁忌，至少也是不合适的。对付怒火冲天的人对女性来说尤其困难，因为从小受的教育就是：淑女不该失去风度。

因此，女性通常只能以一种婉转巧妙的方式消解她们的怨气，而不能直接爆发。她们可以通过与别人闲谈去避免冲突，也可以想象一些精心策划的报复计划，可以咬牙切齿，可以用酒精麻醉自己，也可以把自己埋在一大堆工作中忘却心中的不快。一位担任大型国家机构行政总监的女士说："我会在纸上写下我的怨言，但我不会给任何人看，它只是我排遣挫折感的一种方式，或者我会关上门，独自尖叫，只是为了释放。""我会躲在汽车里大哭一场，因为那是我能拥有的唯一的私人空间。"这是很多年轻女孩的解决办法。

然而，假如她们能够以一种积极的心态来重新审视她们的愤怒，回溯引起她们愤怒的起因，那么她们可以把它作为一种有力的工具，而不是焦虑的来源。愤怒可以告诉女人自己以及她们周围的人固有的界限，以及她们直接感受到的事情是否可以容忍，可以在超出她们的界限时发出信号。最重要的是，能够激起她们最疯狂的怒气的事物往往也是她们最恐惧的事物。愤怒仿佛是她们内心的一个警报系统，当这个系统敏感时，会给她们带来一些有意义的回应和报偿。

所以，如果想跟其他人保持一种明朗的交往关系，应该以自信的态度表达自己的怒火。你不用强迫自己必须保持活泼的、善解人意的表象，还有甜甜的笑容。你要做的是沟通和解决让自己生气的问题，不是听任怒火积聚，一发不可收拾。你可以让对方清楚了解你的感觉和要求，而不是压倒、污蔑或是侮辱对方，别把细小的分歧演变成不可调和的矛盾。

当然有些时候，我们怒火冲天，情绪激动，满脑子想的都是爆发情绪以减轻紧张，跟那个惹自己生气的人中断来往。在这种情况下，我们会不计后果地责备她。

我觉得女性学习将怒气表现出来，其实是感觉个人力量的第一步。

温迪·明克是圣·克鲁兹加州大学的教授、美国国会女众议员佩特思·温迪的女儿，在《交谈开始》这本书里，她回忆了自己的少年经历，讲述了她是如何将最

191

初的愤怒转化成一种建设性的行为：

"起初我们住在弗吉尼亚的阿灵顿，我在那儿上公立学校……白人孩子用有种族歧视的称呼叫我，他们让我坐在公共汽车的后面，还取笑我……有一次，在上高中时，我陪朋友参加一个双方未谋面的两对男女的约会。当那个男孩出现时，他大发脾气，说：'我从不和菲律宾人交往。'其他人把我看成外国人，当我学习说英语时，或者我在夏威夷一直穿一件绿色裙子时，他们会问我是哪里人，一些人认为我是日本人，另一些人认为我是中国人。在越南人越来越多时，又有人说我是"gook"（对韩国人、日本人、菲律宾人、越南人等黄种人的蔑称）。

"我会回答他们的问题，并对一些人的偏见表示抗议。但问题是你的生活是否是主流文化的一部分，你通过学习，用一种创造性方式疏导怒气，比如发表政见或者参与艺术活动，或者压抑，或者爆发出来。我选择了反抗，通过参加反歧视的活动表达我的感情。"

温迪·明克的经历印证了我的观点，理性的女性了解如何释放和指导自己，超越愤怒和恐惧，让自己成长。

超越愤怒，首先要对它有更多认知，这样，女性才能够一步步坚定、自信且建设性地处理这种情绪。

不只是一个家庭主妇

一位杰出的社会学家曾说，当今的女性已经不再认为处理家务有什么重大意义了，她们觉得在家庭这样一个狭小的环境里，即使把女性的才智发挥到完美，对社会来说也没有多大价值！所以，当一个女人向别人介绍自己说她"只是一个家庭主妇"的时候，总会感到有点畏缩，带点自卑。

其实，一个女人能把全部时间和精力都奉献给她的家庭和家人，她应该为此感到自豪。要知道，她在生活中扮演的角色，需要的各种才华，比一个女演员在一次职业表演赛里需要的各种技艺要多得多。你可真正用心想过，一个家庭主妇需要具备多少专业技能？她必须是洗衣工、厨师、裁缝、护士、保姆、打杂工、司机、书记员、记账员、购物专家、公共关系专家、女主人、人事主管、顾问、牢骚发泄对象、总经理和主管等。

当然只有这些还不够，如果她想要在自己丈夫的心目中保持闪烁的光芒的话，这位女士还必须保持自己的吸引力和魅力，并时刻注意自己的装扮和形象。

家庭主妇的工作对丈夫事业上的成功会有多大的影响力呢？就让玛丽妮亚与佛狄南博士来回答这个问题吧，他们是《女人！被忽视的性别》这本名著的作者。

她们说："研究结果很明显，由于妻子在家里做了大部分工作，便不必再雇用别人，因此，丈夫收入的有效运用价值便增加了百分之三十至六十。"

况且，许多著名人士，也都是因为妻子的大力协助才获得成功的，这些妻子对于自己"只是一个家庭主妇"的工作，都认为非常崇高且极有意义。艾森豪威尔总统的夫人就是一个典型的例子。

《今日女性》杂志刊登了美国总统艾森豪威尔夫人的一篇名为《如果我现在又当了新娘》的文章。在这篇文章里，艾森豪威尔夫人说出了她最崇高的信念：

"生命带给女人最伟大的生涯，就是做个妻子。

"洗小孩子的尿布和全家人的脏衣服，的确是一件令人感到乏味的事。一个家庭里每天都有要做的事，有时候看起来就像是一些毫不重要的、可有可无的小工作，而且这些琐事好像永远也做不完！尤其当你的丈夫带回来许多重要消息，并且向你询问：'你今天做了什么事呢，亲爱的？'的时候，而你能说的只是'我今天付了水电费……'

"就是在这些时刻，一定会使你很想到外面找个工作，同时赚些收入。但是，如果你不向那个诱惑屈服，你的生命将可以获得更多报偿；如果你向诱惑屈服了，20年后你将发现自己除了有一个职业，一无所有，或是你会惊讶地发觉，你将面对一个被遗弃的家庭！这时候，你岂不是追悔莫及！

第七章
你好啊，独立思考

"假如我现在才结婚，我还是愿意像以前一样专心做个家庭主妇。我将努力扮演好自己的角色，善用我丈夫微薄的薪水来料理每一项家务，多结交一些朋友，每天早上都可以开心地看着他吃完热腾腾的早饭后才去上班，我要尽我最大的能力，帮助他实现自己的任何理想。

"家庭主妇是我的工作和乐趣。尽我所能，想尽办法，使艾森豪威尔的家永远保持和谐安定，这是我感到最奇妙、最有价值、最繁忙而快乐的生活！"

作为"只是一个家庭主妇"的玛莉·艾森豪威尔做得真不赖，她已经帮助她的丈夫住进了这世界上最大的房子——白宫！一个女人的独立，不在于万事都只是依赖自己，而是学会思考，包括"否定"和"否定之否定"。当多数人开始置疑"家庭主妇"的价值，我们不应该是单纯地赞成或反对，而是应该依据不同人的不同情况来分析现实。

我有一位很尊敬的女士——玛格丽·威尔森，她是《你想要变成的女性》和《如何超越你的平凡》等书的作者。她本身就是一位出色的模范人物，她的工作非常繁重，在她的公寓里，她要做许多家事。然而当她和朋友们聚会的时候，她总是表现得美丽高雅和从容不迫。在总共有8位宾客，包括好几位著名政治家参加的一个星期日自助餐晚宴上，玛格丽请大家吃了一顿精美的晚餐，而她看上去轻松从容。食物包括炸鸡、大碗鳄梨、柿子沙拉、热烤面包、青豆蘑菇火锅、自制的水果冻和甜美的水果冰激凌。

宴会里没有仆人在旁帮忙。后来有人问玛格丽，她如何独自安排这样一个精美的餐宴。"很简单，"她说，"所有东西都是用简捷的方法做出来的。在客人到达以前，我就开始炸鸡，当大家喝鸡尾酒的时候，我把炸鸡放在烤箱里保持温热。水果沙拉是用罐头水果在事前就混合好的。我使用冷冻青豆——下午煮好青豆，和蘑菇一起放进火锅，蘑菇烧好后，在快要上菜前，我才把这些东西一道摆好。甜点心是事先混合好冷冻水果，再散放到冰激凌上面。这没什么麻烦！"

由此看来，家庭主妇也是一项技术活儿。研究报告指出，家庭主妇最大的缺点是无法改进家庭工作效率。你有没有在5个步骤能够完成的工作上用了16个步骤去做——使用4个动作去做两个动作的工作？反省你处理日常工作的"方法"，最后，看看能不能改进效率。最快的方法往往就是最好的方法。

女士们，无论你是否是一个家庭主妇，相信以下这三个步骤，都可以帮你减少不喜欢的家务工作。

（1）分析你的工作方法。在某些工作方面，计划你要花费的时间并找出在哪里浪费了精力和时间。细心检讨你特别讨厌的杂事，很可能因为你做事不得法，这些事情才会变成令人不快的繁杂琐事。

（2）对你最不喜欢的工作，看看有没有改进的方法。如果你被难倒了，可以请朋友给你建议或请教你的丈夫。男人对于这种"简捷方法的科学"，已经有很多见地了。或者写信给你订的报纸或妇女杂志的家庭专栏，请他们帮忙想办法。

（3）如果你对于必须处理的工作缺乏技术和经验，那就必须设法学习。

你不必因为事情做得不好而感到抱歉。如果有一件事情是值得做的，那就必须把它做好。任何具有一般才能的女人，如果肯努力，她一定可以做好基本的家事工作。甚至，如果你能聘请保姆，你也不必因为她们不知道如何做好自己的工作而立即辞退她们。

有一件事你必须记住：千万不要把你真正喜爱的工作放弃了！除去杂草你才能够欣赏到花朵，但是，不要由于一时兴起，便连花朵一起拔了。对于那些你不太喜欢的事情要使用简捷的处理方法，如此，你就可以放心地对你喜欢的工作花费较多的心思了。

有些女人会从缝纫、烹调特殊菜肴，或是使家具焕然一新等工作中得到很大满足。不管你的特殊爱好是什么，要享受它，千万不要放弃做好一件工作的满足感！

请记住：提高家庭工作效率，主要的目的是让你有空闲，去做你喜欢的、有益的活动。

学会自我安慰和鼓励

我发现身边的许多女性都存有如下的类似想法："我担心也许会来不及""我一个人肯定无法完成这个任务""我想，我办不到那件事""这个工作我大概无法胜任，因为我会忙不过来"等。此外，遇到事情有不好的结果时，她们就会说道："哦！果然不出我所料。"又如，在抬头望见天空布满乌云时，心情会变得忧虑起来，并说："我原本就知道会下雨！"

这些都属于"消极心态"，也可以称作"消极的心理暗示"。我们千万不可忽略"积少成多"的道理，女士，当你的言谈中充满"消极心态""消极的心理暗示"时，它会不知不觉地渗入你的思想深处，并积存它的影响力量，而这种力量往往会滋长到令人惊异的地步，甚至会在不久之后使你陷入"无能症"的泥沼中。

面对起伏不定、坎坷不断的人生时，你我必须面对的最大问题——事实上也是我们需要应付的唯一问题——就是如何选择正确的思想。而且，如果我们能做到这一点，就可以解决所有问题。

或许你对此抱有疑问，但从事成人教育35年的经验使我深信思想对于一个人所能产生的巨大影响。一个人只要改变自己的想法，就能改变自己的生活，就能够消除忧虑和恐惧，就能走向成功。我们内心的平静，和我们由生活所得到的快乐，并不在于我们在哪里，我们有什么，或者我们是什么人，而只是在于我们的心境如何，与外在的条件没有多少关系。

当你下定决心，从自己的言谈间根除这种"消极心态"后，不论对任何事都会表示出积极、肯定的主张，继而积极地进行自我安慰，用积极的话语鼓励自己，如"事情将有顺利的结果、能够胜任工作、不会招致失败、必会准时到达"等。由于这种把积极想法说出来的做法具有相当于在内心中呼应的积极力量，因此它能使你感到一切都将顺利进行。

尤其是在遇到困难和挫折的时候，女士们，积极的自我安慰和鼓励就显得格外重要。仅仅只是将积极的想法说出来，告诉自己和身边的人，我们就能获得相应的积极力量，促使事情向我们期望的方向发展。即使事情仍旧不如意，至少我们也可以振奋精神，让自己从沮丧和悲观的泥沼中走出来，对未来生出无限希望。

当大难临头时，我不会劝你乖乖承受，因为人生并非命定，你要在期望范围内奋斗起来。当你受到打击无所适从时，我会劝你保留健全的精神，不要烦躁，不要忧虑——这就是正确的面对困难和打击的态度，既不可认命，也不可过分执着于成功。换句话说，你要先学会接受失败的可能性，同时鼓励自己在这种可能性的基础上积极进取。

　　千万不要在做一件事情之前就否定自己，要积极地思考，抱着积极的想法，鼓励自己去做，当你真正着手去做时，就会发现真实的困难并没有想象中的那么庞大。同样的，女士，当你做一件事情失败了，也千万不要就此自我打击，自我厌恶，要学会安慰自己，运用积极的心态迅速从上一次失败引起的沮丧悲观的情绪中摆脱出来，满怀希望地投入到下一项工作中。

　　在长时间的教育工作和与人接触的过程中，我发现，具有自信主动意识的人必然会长期进行积极的自我暗示，而具有自卑被动意识的人却总是使用消极的自我暗示。可以说，经常进行积极暗示的人在每一个困难和问题面前看到的都是机会和希望；而经常进行消极暗示的人在每一个希望和机会面前看到的都是问题和困难。很明显，正是这种由成千上万次的心理暗示形成的意识决定了一个人有无发展，能否成功。

　　为了克服障碍，女士，你不妨采用"不相信失败"的哲学之道。通常人们处理障碍的结果往往决定于本身的心态，因为人们的障碍大多数是源于心理问题。你对障碍的想法如何，会决定你对它采取的行动或态度。事实上，如果你面对障碍之初便在心中断言绝对无法克服它，你便会在自认为"反正做不到"的心理下真正无法克服了。相反的，如果你拥有克服障碍的信心，情况自然会不同。

因此，女士，请你牢牢记住：人生绝对没有你想象中那般困难，挫折可以设法克服。无论培养这种积极想法之初，你的信心多么微小，只要持续保持这种想法，持续地对自己进行安慰和鼓励，你必能走出消极心理的影响，最终获得成功。

把目标变成"沙盘演练"

一位著名的外交官曾说过："日常事情一件一件地向我们涌来。如果我们没有一个可以将之加以检查的计划，那么我们就会遇到许多困难。"

他所陈述的这种道理在外交、政治以及我们每个人的工作和生活中统统适用。我们应该按照自己的标准，去检查每天发生在我们身边的事情，谁若不懂得这一点，谁就将陷入不稳定的旋涡之中。他自己的个人意愿将难以实现，所定目标也将停滞不前。

影响我们生活的有两件事情，其一就是日常之事，这是我们社会不断强加给我们的；其二就是拥有一份计划，按照这份计划来评判日常之事对我们自己是否有利，我们是否有能力处理好这些事情。

谁没有用以检查其行为标准的计划，那他的行为就会为眼前的影响所支配；他今天所寻求到的自信说不定明天就又会失去。

谁拥有一份长期计划，谁就会凭借它创造有利的前提，正确看待眼前的一切诱惑。

在此，还应进一步说明一下，拥有一份检视我们行为的计划到底有哪些好处。

（1）拥有一份计划并贯彻它，意味着可以事先知道应该怎样度过这繁忙的一天。

（2）拥有一份长期计划，就如同建立了一个安全网，当我们在日常生活中遇到困难时，它会及时地给予我们保障，就如空中飞人表演遇险而由安全网接住一样。

（3）拥有一份计划也意味着，可以及时界定我们的能力和可能性的范围，以期更接近我们所期望的目标。这样，我们就不会受外界影响和诱惑。

（4）谁没计划，谁就会陷入危险之中。

在过去的几年里我遇到过一些人，他们给我留下的印象是：他们生活得比别人好，这时我总会向他们讨教几招。其中一个人举了一个令我印象颇深的例子。这个例子说明，计划如何帮助人们去克服生活中大大小小的问题。

我有一个朋友，他是在乡下一个贫苦的家庭中长大的，他父亲早逝。之后他上了大学，毕业后当了一名法官，再之后又当了外交官和部长。

当我在他的办公室拜访他时，我问他："您曾经说过，您是个心满意足的人。您是怎样做到这一点的呢？"

他思考了一会儿，然后以他那独特的、从容不迫的方式回答道："严格地说，我几乎可以称得上是个心满意足、十分幸福的人。这当然有多方面的原因。但其中有两点是肯定的：人必须自信。同时也必须能够独立做事，而且不要过分依赖外部事物。"

对某些人来说，读了这几句话后，会感觉它们只是空洞的说教或者只是抽象的愿望、幻想。但对以它为原则而生活的我的朋友来说，这是他获得几乎可以称得上是心满意足、十分幸福的生活的关键因素。从这个伟大的生活计划中，他推导出许许多多解决日常问题的小计划。

举一个他向我讲述过的例子，是关于他怎样控制体重的。当别人都在大量地吞服药片或偶尔接受减肥疗法并向别人推荐时，他却用自己的方式来解决问题。

"每周日洗完澡后，我就称体重。如果称的是80公斤，那么在接下来的一周内，我就接着吃与上周同量的东西；如果称得的体重大于80公斤，那么接下来的一周内我只吃上周一半的东西。在这段时间内，我的体重又可以减到适合我体型的最理想的80公斤。"

你或许会问："这样一件无关紧要的小事和他幸福的计划有什么内在的联系？"

非常之简单：举一反三。他说："人必须自信并且不要过多地依赖外部事物。"

他不问："谁能帮我解决我的体重问题呢？哪些药

片能帮我，哪些疗法能有效呢？"而是更多地去寻求一种不依赖任何人的解决之道。

他控制自己每天吃多少东西，不受偶然因素或所提供的食物的影响，而是严格按照计划行事。他这样做使他自己充满自信。

这是考察内在联系的一个方面。

在前面，我列举了大量事例，阐述了如何制订一个最适合自己的计划，同时也阐述了坚定不移地贯彻计划的优点。但你要认识到，计划并不是一服灵丹妙药，光靠它不能解决问题，它只是为解决问题创造了尽可能最好的前提条件。

有了计划，就意味着有了保障。由此而得出的最重要的结论是：我不再相信，当自己碰到问题时，总能及时想出解决问题的办法或者总会有贵人相助；或者认为"还没这么糟糕！"或者"到目前为止，一切都挺好！"而是为解决问题做好了充分准备。不靠碰运气，不只顾眼前，不依赖别人，而是自己为此担负起责任。

拥有一份计划就意味着如下情况。

（1）今天就考虑好明天和后天会出现什么样的情况及应对策略。就像一个优秀的战略家，在真正采取行动之前，先练习沙盘作业，直至他认为已经能圆满完成任务为止。或者像一名消防队员，平时坚持不懈地练习，以使自己在紧急情况下能应付自如。

（2）一旦真的发生紧急情况，他早已做好了充分准备。他很清楚自己应该做什么，并投入全部精力尽量做好，而不是惊慌失措，急于为自己的失败找替罪羊或为自己寻找托词。

这就是有计划的优点之一。另一个优点是，知道自己想做什么。在这种情况下，我可能这样做，而在另一种情况下也许会采取完全相反的做法。不管怎样，我每次只做更有利于接近我所设定的目标的事情。

在这儿，我就不一一列举其他优点了，为的是你能自己勾画自己的生活，而不是让别人牵着鼻子走。

所有该说的，我想，我都已经说过了。

现在就看你的了。读到这儿，如果你只说一句："是的，是的，这样活着，就不错了！"这是远远不够的。之后，你会很快就翻过这一页，而不是尝试着去实际做点什么。你也许会说："听起来都很美，但是……"还会成百上千次地说"如果"和"但是"。你应该知道，说这些都没用，坐着说，不如起来行动。

如果你已确定了一个目标，制订了一份最适合你的计划并下定决心：从今天开始，没有任何事情可以阻止我去执行自己的计划。那么你就已经向成功又迈进了一大步了。

如果你制订了这项计划，你就将它写在一张纸上，放在书桌上。这样你就可以每天早上和晚上都能看到它了。早上你会说："我要这样去做。"晚上，你会问："我是这样做的吗？"

当然，你也可以在下周利用一周的时间，每天晚上都回顾一下自己的生活。之后，确定新的目标，并制订出实现目标的方案。

或者你现在就开始，寻找每次失败的原因。从自己的认识出发，制订出具体方案，以使自己在以后的日子里不会重蹈覆辙。

从做愚人开始

我要告诉你关于一位深谙自我管理艺术的人物的故事，他的名字是豪威尔。1944年7月31日，他在纽约大使酒店突然身亡的消息震惊了全美。华尔街更是骚动不已，因为他是美国财经界的领袖，曾担任美国商业信托银行的董事长，兼任几家大公司的董事。他受的正式教育很有限，在一个乡下小店当过店员，后来当过美国钢铁公司信用部经理，并一直朝更大的权力地位迈进。

我曾请教豪威尔先生成功的秘诀，他告诉我说："几年来我一直有个记事本，登记一天中有哪些约会。家人从不指望我周末晚上会在家，因为他们知道，我经常把周末晚上留作自我省察的时间，评估我在这一周中的工作表现。晚餐后，我独自一人打开记事本，回顾一周来所有的面谈、讨论及会议过程。我自问：'我当时做错了什么？''有什么是正确的？我还能做什么来改进自己的工作表现？''我能从这次经验中吸取什么教训？'这种每周检讨有时弄得我很不开心。有时我几乎不敢相信自己的莽撞。当然，年事渐长这种情况倒是越来越少，我一直保持这种自我分析的习惯，它对我的帮助非常重大。"

豪威尔的这种做法可能是向富兰克林学来的。不过富兰克林并不等到周末，他每晚都自我反省。他发现自己有13项严重的错误，其中有3项是：浪费时间、关心琐事及与人争论。睿智的富兰克林知道，不改正这些缺点，是成不了大事的。所以，他一周定一个要改进的缺点作为目标，并每天记录赢的是哪一边。下一周，他再努力改进另一个坏习惯，他一直与自己的缺点奋战，整整持续了两年。

如果有人骂你愚蠢不堪，你会生气吗？愤愤不平吗？我们来看看林肯如何处理。林肯的军务部长爱德华·史丹顿就曾经这样骂过林肯。史丹顿是因林肯的干扰而生气。为了取悦一些自私自利的政客，林肯签署了一项调动兵团的命令。史丹顿不但拒绝执行林肯的命令，还指责林肯签署这项命令是愚不可及。有人告诉林肯这件事，林肯平静地回答："史丹顿如果骂我愚蠢，我多半是真的笨，因为他几乎总是对的。我会亲自去跟他谈一谈。"

林肯真的去和史丹顿谈了。在史丹顿指出他这项命令的错误后，林肯就此收回了成命。林肯很有接受批评的雅量，只要他相信对方是真诚的、有意帮忙的。

我的档案中有一个私人档案夹，上面写着"我所做过的蠢事"。夹中插着一些我做过的傻事的文字记录。我有时口述给我的秘书让秘书帮忙做记录，但有时这些事是非常私人的，而且愚蠢到我没有脸请我的秘书做记录，因此只好自己记录下来。

每次我拿出那个"愚事录"档案，重新看一遍我对自己的批评，都可以帮助我处理最难处理的问题——管理我自己。

一般人经常因为受到批评而愤怒，而有智慧的人却想办法从中学习。《草叶集》的作者惠特曼曾说："你以为只能向喜欢你、仰慕你、赞同你的人学习吗？从反对你、批评你的人那儿，不是可以得到更多的教训吗？"

我们经常把自己的错误怪罪到别人身上，随着年龄的增长，我们将会发现，最应该怪罪的是我们自己。连伟大的拿破仑被放逐到圣海伦岛时，也曾经说过："我的失败完全是自己的责任，不能怪罪任何人。我最大的敌人其实是我自己，也是造成我悲惨命运的原因。"

每个人都不是完美的，都有各种各样的缺点。与其等待敌人来攻击我们或我们的工作，倒不如自己动手，我们可以是自己最严苛的批评家。在别人抓到我们的弱点之前，我们应该自己认清并处理这些弱点。达尔文就是这样做的。当达尔文完成其不朽的著作——《物种起源》时，他已经意识到这一革命性的学说一定会震撼整个宗教界及学术界。因此，他主动开始自我评论，并耗时15年，不断查阅资料，向自己的理论挑战，批评自己得出的结论。

同样，来自他人的批评，也可以记入我们的"愚事档案"，这同样对我们管理自我有很大的作用。法国作家拉劳士福古曾说："敌人对我们的看法比我们自己的观点可能更接近事实。"

一位成功的推销员，甚至主动要求人家批评他。他开始推销香皂时，订单接得很少。他确信产品或价格都没有问题，所以他认为问题一定是出在他自己身上。每当他推销失败，他都会在街上走一走想想什么地方做得不对，是自己的表达没有说服力？还是热忱不足？有时他会折回去，问那位商家："我回来不是卖给你香皂的，我是希望能得到你的意见与指正。请你告诉我，我刚才什么地方做错了？你的经验比我丰富，事业又成功。请给我一点指正，直言无妨，请不必保留。"他这样做的结果，是他获得了巨大的成功。

当被人批评的时候，如果不提醒自己，我还是会不假思索地采取防卫姿态。每次我都对自己极为不满。不管正确与否，人总是讨厌被批评，喜欢被赞赏的。人并非逻辑的动物，而是情绪的动物。人的理性就像在狂风暴雨的汪洋中的一叶扁舟。

听到别人谈论我们的缺点时，想办法不要急于辩护。因为每个没头脑的人都是这样的。让我们放聪明点，也更谦虚一点，我们可以气度不凡地说，"如果让他知道我其他的缺点，只怕他还要批评得更厉害呢！"

我曾讨论过如何应对恶意的攻讦，现在提出的是另一个想法：当你因恶意的攻击而怒火中烧时，何不先告诉自己："等一下……我本来就不完美。连爱因斯坦都承认自己99％都是错误的，也许我起码也有80％的时候是不正确的。这个批评可能来得正是时候，如果真是这样，我应该感谢它，并想办法从中获得益处。"

美国一家大公司的总裁查尔斯·卢克曼曾经用100万美元请鲍伯·霍伯上广播节目。因为鲍伯从不看赞赏他的信，他知道不可能从中学到东西。

福特汽车公司为了了解管理与作业上有何缺失，特地邀请员工对公司提出批评。

因此，女人们给自己建立一个"愚事档案"吧！

钱不是用来烦恼的

人类70％的烦恼都跟金钱有关，但人们在处理金钱时，却往往意外地盲目。

《妇女家庭月刊》所做的一项调查显示，我们70％的烦恼都跟金钱有关。盖洛普民意测验协会主席盖洛普·乔治说，他所做的研究显示，大部分人都相信，只要他们的收入增加10％，就不会再有任何财政方面的困难。但在很多例子中则不尽然。预算专家爱尔茜·史塔普里顿夫人曾担任纽约及全培尔两地华纳梅克百货公司的财政顾问多年。她曾以个人指导员身份，帮助那些被金钱烦恼拖累的人。她帮助过各种收入的人——从一年赚不到1000美元的行李员，至年薪10万美元的公司经理。她对我说："对大多数人来说，多赚一点钱并不能解决他们的财政烦恼。"事实上，我经常看到，收入增加之后，并没有什么帮助，只要突然增加开支就会增加头痛。"使大多数人感觉烦恼的，"她说，"并不是他们没有足够的钱，而是不知道如何支配手中已有的钱！"你对最后那句话表示不屑一听，是吗？在你再度表示轻蔑之前，请记住，史塔普里顿并没有说"所有的人"。她说："大多数人。"她也许指的并不是你，她指的是你姊妹和表兄弟，他们的人数可多了。

有许多人可能会说："我希望举个例子来试试看：拿我的月薪，付我的账款，维持我应有的开支。只要她来试一试，我保证她会知道我的困难，不再说大话。"说得不错，我也有过财政困难：我曾在密苏里的玉米田和谷仓里做过每天10个小时的劳力工作。我当时所做的那些苦工，并不是1小时1块美金的工资，也不是5毛钱，也不是1毛钱，我那时所拿的是每小时5分钱，每天工作10个小时。

我知道一连20年住在一间没有浴室、没有自来水的房子里是什么滋味。我知道睡在一间零下15℃的卧室

211

中，是什么滋味。我知道徒步数里远，以节省1毛钱，以及鞋底穿洞、裤脚打补丁的滋味。我也尝过在餐厅里点最便宜的菜，以及把裤子压在床垫下的滋味——因为我没钱将它们交给洗衣店。

然而，在那段时间里，我仍设法从收入中省下几个铜板，因为如果我不那么做，心里就不安。由于这些经验，我就必须和一些公司一样：我必须拟订一个花钱的计划，然后根据那项计划来花钱。可惜，大多数人都不这样做。例如，我的好朋友黎翁西蒙金，他指出人们在处理金钱事务时，对数字表现得意外盲目。他告诉我，有位他所认识的会员，在公司工作时，对数字敏感得很，但等到他处理个人财务时就漫不经心，遇到喜欢的东西就毫不犹豫地将它买下来——从不考虑房租、电费，以及各项"杂"费，但这些费用迟早都要从薪水袋里抽出来付掉。然而这个人却又知道，如果他所服务的那家公司以这种贪图目前享受的方式来经营，则势必破产。

我认为，当牵涉金钱时，你就等于是在为自己经营事业。而你如何处理你的金钱，实际上也确实是你"自家"的事，别人无法帮忙。

那么，什么是管理我们的金钱的原则呢？我们如何展开预算和计划？

（1）把事实记在纸上。亚诺·班尼特刚到伦敦时，立志做一名小说家，当时他很穷，生活压力大。所以，他把每一便士的用途记录下来。他难道想知道他的钱怎么花掉了？不是的。他心里有数。他十分欣赏这个方法，不停地保持这一类记录，甚至在他成为世界闻名的作家、富翁，拥有一艘私人游艇之后，也还保持着这个习惯。约翰·洛克菲勒也保持有这种记总账的习惯。他每天晚上祷告之后，总要把每便士的钱花到哪儿去了弄个一清二楚，然后才上床睡觉。

我们也一样，必须去弄个本来，开始记录，记录一辈子？不，不需要。预算专家建议我们，至少在最初1个月要把我们所花的每一分钱做准确的记录——如果可能的话，可以做3个月的记录。这只是提供给我们一个正确的记录，使我们知道钱花到哪儿去了，然后便可依此做预算。

（2）拟出一个真正适合你的预算。预算的意义，并不是要把所有的乐趣从生活中抹杀。预算真正的意义在于给我们物质安全和免于忧虑。"依据预算来生活的人，"史塔里顿夫人说，"比较快乐。"假设有两个家庭比邻而居，住同样的房子，同样的社区，家里孩子的人数一样，收入也一样——但是，他们的预算需要却截然不同。为什么？因为人性是各不相同的，预算必须按照各人的需求来拟定。

但怎么进行呢？你必须把所有的开支列出一张表来，然后请求指导。你可以写信到华盛顿的美国农业部，索取这一类的小册子。在某些大城市——主要的银行都有专家顾问，他们将乐于和你讨论你的财务问题，并帮助你拟定一项预算。

有一本书名叫《家庭金钱管理》，由"家庭财务公司"发行。顺便提一下，这家公司出版了一整套小册子，讨论了许多预算上的基本问题，例如房租、食物、衣服、健康、家庭装饰，和其他各项问题。

（3）学习如何聪明地花钱。意思是说，学习如何使金钱得到最高价值。所有大公司都设有专门的采购人员，他们不用做其他的事情，只需要设法替公司买到最合理的东西。身为你个人产业的男、女主人，你何不也这样做？

（4）不要因你的收入的增加而头痛。史塔普里顿夫人说，她最怕的就是被请去为年薪5000美元的家庭拟定预算。"因为"，她说，"每年收入5000美元，似乎是大多数美国家庭的目标。他们可能经过多年的艰苦奋斗才达到这一标准（20世纪30年代的标准）——然后，当他们的收入达到每年5000美元时，他们认为已经'成功'了，他们开始大肆铺张。在郊区买栋房子——'只不过和租房子花一样多的钱而已。'买车子、许多新家具，以及许多新衣服——等发觉时，他们已进入赤字阶段了。他们实际上不比以前更快乐——因为他们把增加的收入花得太凶了。"

我们都希望获得更高的生活享受，这是很自然的事情。但从长远方面来看，到底哪一种方式会带给我们更多的幸福——强迫自己在预算之内生活，或是让催账单塞满你的信箱，以及债主猛敲你的大门？

（5）投保医药、火灾，以及紧急开销的保险。对于各种意外、不幸，及可预料的紧急事件，都有小额的保险可供投保。但并不是建议你从澡盆里滑倒到染上德国麻疹的每件事皆投上保险，但我们郑重建议，你不妨为自己投保一些主要的意外险，否则，万一出事，不但花钱，也很令人烦恼。而这些保险的费用都很便宜。

（6）教导子女养成对金钱负责的习惯。《你的生活》杂志上有一篇文章，作者史蒂拉·威斯顿·吐特叙述她如何教导她的小女儿养成对金钱的责任感。她从银行取得一本特别储金簿，交给她9岁大的女儿。当小女儿得到每周的零用钱时，就将零用钱"存进"那本储金簿中，母亲则自任银行。每当她的小女儿必须使用一毛钱或一分钱时，就从账簿中"提出"，并把余款结存详细记录下来。如此这位小女孩不仅从其中得到很多的乐趣，而且也产生了对处理金钱的责任感。

（7）家庭主妇可以在家中赚一点外快。如果你在聪明地拟好开支预算之后，仍然发现无法弥补开支，那么你可以选择下述两事之一：你可以咒骂、发愁、担心、抱怨，或者你想赚一点额外的钱。怎么做呢？想赚钱，只需要找人们最需要而且目前供应不足的东西。

1932年，家住纽约杰克森山庄的娜莉·史皮尔夫人，她自己一个人住在一间有三个房间的公寓里，她的丈夫

已经去世，两个儿子都已经结婚。有一天，她到一家
餐馆的苏打水柜台买冰激凌，发现柜台也兼卖水果饼，
但那些水果饼看起来实在令人不敢恭维。她问店主愿不
愿向她买一些真正的家制水果饼。结果他订了两块水果
饼。"虽然我自己也是个好厨师，"史皮尔夫人对我讲
述她的故事说，"但以前我们住在佐治亚州时，一直有
请女佣，我亲手烘制饼干的次数大概只有10多次而已。
在那位店主向我预订两个水果饼之后，我向一位邻居请
教了制作苹果饼的方法。结果，那家餐厅的顾客对我最
初的两块水果饼——一块苹果饼，一块柠檬饼——赞不绝
口。餐厅第二天就预订了5块，接着，其他餐馆也陆续来
向我订货。在两年之内，我已经成为每年必须烘制5000
块饼的家庭主妇。我是单独一人在我自己的小厨房内完
成全部工作的，我一年收入已高达10000美元，而除了一
些制饼的材料，我一毛钱也没多花。"

后来史皮尔夫人家制烤饼的需求量愈来愈大，这使
她不得不搬出厨房租下一间店铺，并雇了两个女孩子帮
忙制作水果饼、蛋糕、卷饼。在世界大战期间，人们排1
个多小时的队等着买她的家制食品。

史皮尔夫人认为她一生中从未如此快乐过，虽然她
一天在店里工作12~14个小时，但她从不觉得厌倦。因
为对她来说，那根本不算是工作，那只是生活中的奇异
体验。

第七章
你好啊，独立思考

　　娥拉·史令达夫人也有相同的看法。她住在一个有3万人口的小镇——伊利诺伊州梅梧市。她就在厨房里以价值一毛钱的原料开创了事业。她的丈夫生病了，她必须赚点钱补贴家用。但怎么办呢？她没有经验，没有技术，没有资金，只不过是一名家庭主妇。她从一颗蛋中取出蛋清加上一些糖，在厨房里做了一些饼干；然后她捧着一盘饼干站在学校附近，将饼干售给正放学回家的学生，一块饼干1分钱。"明天多带点钱来，"她说，"我每天都会带着饼干在这儿卖。"第一周，她不只赚了4.15元，同时也为生活带来了情趣。她为自己及学生们带来了快乐，没有时间去忧愁了。

　　这位来自伊利诺伊州梅梧市的沉静的家庭主妇相当有野心，她决定向外扩张——找个代理人在嘈杂的芝加哥出售她的家制饼干。她羞怯而恐惧地和一位在街头卖花生的意大利人接洽。他耸耸肩膀，说他的顾客要的是花生，不是饼干，但是第一天他就为她赚了2.15美元。四年后，她在芝加哥开了第一家商店。店面只有8英尺宽。她晚上做饼干，白天出售。这位以前相当羞怯的家庭主妇，从她厨房的炉子上开创了饼干工厂，她已经拥有19家店铺——其中18家都设在芝加哥最热闹的鲁普区。

　　娜莉·史皮尔和娥拉·史令达不因金钱而烦恼，反而采取积极的做法。她们以最小的方式——从厨房出发，没有租金，没有广告费，没有薪水。在这种情况下，一名妇人要被财务烦恼拖垮，几乎是不可能的。

　　看看你的四周，你将会发现许多尚未达到饱和的行业。如果你自己是一名很优秀的厨师，你也许可以开设烹饪班，就在你自己的厨房内教导一些年轻小姐，这也是赚钱之道。说不定上门求教的学生会络绎不绝。

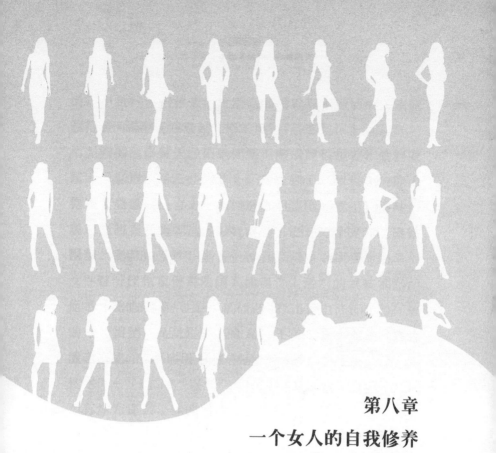

第八章
一个女人的自我修养

我们不是天生就是女人的，而是变成女人的。

——波伏娃

任何年龄都是最好的

我们要想留住岁月的脚步，就要看一看充满希望的前方，而不后悔过去。

几岁是生命中最好的年龄呢？电视节目拿这个问题问了很多人。

一个小女孩说："两个月，因为你会被抱着走，你会得到很多的爱与照顾。"

另一个小孩回答："3岁，因为不用去上学，你可以做几乎所有想做的事，也可以不停地玩耍。"

一个少年说："18岁，因为你高中毕业了，你可以开车去任何想去的地方。"

一个女孩说："16岁，因为可以穿耳洞。"

一个男人回答说："25岁，因为你有较多的活力。"这个男人现在43岁。他说自己越来越没有体力走上坡路了。他15岁时，通常午夜才上床睡觉，但现在晚上9点一到便昏昏欲睡。

一个3岁的小女孩说生命中最好的年龄是29岁。因为你可以躺在屋子里的任何地方，虚度所有时间。有人问她："你妈妈多少岁？"她回答说："29岁。"

某人认为40岁是最好的年龄，因为，这时是生活与精力的最高峰。

一位女士回答说45岁，因为你已经尽完了抚养子女的义务。

一个男人说65岁，因为你可以开始享受退休生活。

最后一个接受访问的是一位老太太，她说："每个年龄都是最好的，享受你现在的年龄吧！"

没有人活在现在，大家都活着为其他时间做准备。

是的，大多数人要么回忆过去的美好时光，要么为了将来的美好时光冥思苦想，疲于奔命，独独忘了把握现在，享受现在。其实，现在才是你真正能把握住的。只有你现在的年龄是最真实的，不要回避现在的真实与琐碎，让欢乐成为现实的中心。如果有荆棘刺破你的脚，那也是现在最真实的痛。

杜拉斯在《情人》中写道："我已经上了年纪，有一天，在一处公共场所的大厅里，有个男人朝我走过来。他在做了一番自我介绍之后对我说：'我始终认识您。大家都说您年轻的时候很漂亮，而我是想告诉您，依我看来，您现在比年轻的时候更漂亮，您从前那张少女的面孔远不如今天这副被毁坏的容颜更使我喜欢。'"

没有人可以把时间留下，更没有办法让它留下我们的青春和美貌。于是，人们就开始寻找一种心理寄托——拥有一颗"永远年轻的心"。但是，不是每个人都能找到"年轻的心"，有些人没有变老之前，心却先老了。是他们生活得不好吗？其实，是这些人的心志太薄弱，他们已经给自己定下了心理定式：在年轻的时候，我们以为自己45岁就一定老了，到50岁就日落西山了。

我们不要认为自己没有快乐的权利，不适合做这样那样的事情。当奥利弗·霍尔姆斯80岁的时候，有人问他永葆青春的秘诀是什么？他回答："主要是保持愉快的态度，要对自己满意。我从来没有感到愿望得不到满足的痛苦……躁动、野心、不满、忧虑，所有的这些都使皱纹过早爬上了额头。皱纹不会出现在微笑的脸庞上，微笑是年轻的信息，自我满足是年轻的源泉。"

爱的喜悦远胜过胜利的滋味

在追求增强我们能力的过程当中，并不需要踩着别人的头顶往上爬，也不需要赚个几百万，或是做到公司的总裁。成功的意义并不总在一个"赢"字。

我想跟各位女士讲一个智能不足的女孩的故事。

在一个大城市举行的精神病患者运动会选拔赛中，与赛者如同正常人一样，竞争得非常激烈。在中距离赛跑项目中，有两个女孩竞争得格外厉害。最后决赛时，这两个女孩更是铆足了力量较劲。

最后有四名选手进入决赛，要决定谁获得该城的冠军。比赛开始，女孩子们在跑道上前进。这两名实力最强的选手很快便将另外两人抛在后面。

在剩下最后100米的时候，两名赛跑者几乎是比肩齐步，都极力要跑赢对方。就在这个时候，稍微落后的那个女孩脚步不稳，绊倒了。按照一般的情况来说，这等于宣布了谁是赢家。但这一回可不是这样。

领先的跑者停下来，折回去扶起她的敌手，为她拂去膝盖和衣服上的泥土，此时，另外两个女孩子已冲过终点线。

赢得比赛是当天竞赛的目标，但谁才是这次比赛中真正的赢家，应该是毋庸置疑的。那个小女孩已将她最重要的能力发挥到极致——她爱的能力；而爱的能力使她比一般人赢得更多。

即使我性好竞争，仍然忍不住要想，有朝一日我也能得到同那女孩一样的成功。但我得先了解，爱的喜悦远胜过胜利的滋味。若你能两者兼顾，依我之见，你是个超人。

妻子的艺术

在最近的一个晚宴里，我坐在全美最早设立的某家公司工业关系部经理的旁边。我问他，太太们要怎么做才能帮助她们的丈夫成功。

"我相信，"这位经理说，"有两件最重要的事情，可以使妻子帮助丈夫事业的成功，第一件是——爱他，第二件是——让他独自去闯。一个可爱的妻子，将会带给她的丈夫愉快和舒服的家庭生活。而如果她聪明得能够让自己的丈夫不受干扰地处理业务，她的丈夫就一定能发挥出全部能力而获得成功，至少训练也会使他有成就。"

他继续解释，这个不干扰政策，可以直接应用于妻子和丈夫的工作关系，以及妻子和丈夫业务伙伴的关系。"妻子常常会严厉地干扰丈夫的工作，"他告诉我，"有些妻子喜欢劝告、干预和影响自己的丈夫，反对和他一起工作的人，或是抱怨丈夫的薪水、工作时间和责任。把自己当作丈夫经营事业的非正式顾问。这种妻子常常扼杀了丈夫的成功，很少有其他事情会具有如此严重性。"

许多新娘子都做美梦，想要机灵地帮助自己的梦中王子爬上经理的宝座。她们计划出一些策略；她们提出了许多暗示和建议；她们试探、尝试，并且和丈夫的同事培养友谊。通常，她们的计策使自己的丈夫丢掉工作，而不是升上一级。

我曾经看到过这种事。有一次，我工作的小公司里请了一位经理。他很聪敏，看来很适合这个职位，令人迷惑的是，他接任新工作以后，他的妻子竟然一直干预他。每天早上，她都和她先生一起到办公室，记下她先生的话，交到外头给打字小姐，而且变更她先生的整个工作系统。这不是我捏造的，这是真正发生过的事。

办公室的工作情绪被破坏了。有位女孩子辞职，其余人也都在观望。这位新经理到任整整3个礼拜以后，他被叫到大办公室去，他们礼貌而肯定地告诉他，不能再留他了。他走了，带着他的太太一起走了。

太过分了吗？也许是的，但是有许多人被解雇的原因更轻微。妻子的干预，即使有着最好的动机，也都是一件危险的事，这比大多数人知道的事实都更加严重。

我还听说过更多类似的事，但我不打算再说了，我想探讨的是：问题在哪里？一段亲密的夫妻关系，是否不需要距离和空隙？是否能够彼此干涉，以至于让对方失去原本只属于自身的权利和自由？答案当然是否定的。再亲密的关系，也需要保持距离。每个人都需要自己对自己的人生负责，每个人都有别人体会不了的感受，以及别人承担不了的遭遇。当你去爱一个人时，女士，我建议你给他留下空间，这也是给自己留了空间，要知道，一个没有自由和独处空间的人，就没办法看清自己、把握自己、完善自己。

在一次聚会上，我听到了葛丝莉的经历：

"上周查理问我正在办理离婚的友人艾伦近来可好？我以'不错'作为回应的开头，接着问查理是否曾后悔结婚？然后又问他是否觉得倘若我们没有结婚反而比较好？以及假使不要那么早结婚是否会对孩子产生不同影响？最后，我问他如果我们彼此都没有结婚，是否会比较苗条？他不敢置信地看着我，说：'你到底在讲些什么？'显然他无法理解，我告诉他早知道他会如此回应，因为毕竟他根本不在意我的感受，我继续批评他可能从未关心过我。

"他目光呆滞地说：'这究竟怎么了？'我加强语气问：'如果你不关心我，那么你关心什么？''嗯，'他说，'我会留意家里杜鹃花要用什么肥料才好，以及和车厂约定更换机油的时间，还有公司内部库存货的清单。''我就知道你从未关心过我。'随后我哭了。

"查理出乎意料地走到外面，我摆出要人领情的姿态问：'你要去哪里？''到五金店去，'他说，'去买肥料。''你竟敢这样？老是不承认自己的过错？''随你怎么说，亲爱的，'他回道，'我几分钟后就回来。'我当下就打电话给好友蜜拉，她说她完全了解我的感受，支持我并向我保证这只是单纯的男性行为罢了。"

我告诉葛丝莉，她的好友蜜拉说得很对，对于男人来说，尤其是对于一个好男人来说，爱是他生命中十分重要而美好的东西，也是不可或缺的东西，但绝不是他生命的全部。对于一个女人来说，如果为了爱——对她丈夫的爱——戒了她所有的一切，也是一种不幸，她将失去自我——和这份爱再也不能有短暂的分离，爱时刻影响着她的想法和情感，左右着她的行动。

而男人则不是这样，他会一连几个小时一直专注于某件事情，而不受到他心爱的妻子的任何影响，就好像她根本不存在。当然，这并不是背叛，这是一种无意识的行为。然而，困惑于男人此种个性特征的女人就会感到很苦恼，认为这不可思议。

我无意于免除男人应该关心他的女人的责任，也不想为男人经常忽略家庭生活的礼仪进行辩护。但出于为妻子的利益考虑，我只想使你们相信，这些事情常常只是一种表象，其实你们之间根本没有出现内在的分歧，因此，作为一个妻子，如果为此感到忧伤或者抓狂，这是不明智的。

"没有一对婚姻能够得到幸福，"安德瑞·摩里斯在《婚姻的艺术》这本书里面说，"除非夫妇之间能够相互尊重对方的差异。更深一层说，希望两个人有相同的思想、相同的意见和相同的愿望，这是很可笑的想法。这种事情是不可能的，也是不受欢迎的。"

所以对妻子来说，让丈夫有个私人的天地去做他的工作，譬如集邮，或是其他任何喜爱的事情是明智的做法。不要随便干涉他，包括他的工作，他的思想，他的爱好，一段亲密关系的最佳距离应该是这样的：你们彼此相爱，彼此照顾和迁就，但各自又有自己的喜好和交际，有自己的世界可以独处，这样才能保持爱的新鲜和长久。

气质是女人最强大的气场

我一直认为，对女性而言，气质比美貌更重要。拥有美貌的女性，更要去拥有高雅的气质；而没有美貌的女性，不一定要用割双眼皮、拉皮等手术费尽心思地寻找美丽。与其拥有美貌，不如好好在教养和气质上下功夫。

化妆只是最末的一个枝节，它能改变的事实很少；深一层的化妆是改变体质，改变生活方式，仅仅只是睡眠充足，就比化妆有效得多；再深一层的化妆是改变气质，做一个有教养的女人，多读书，多欣赏艺术，多思考，对生活乐观，对生命有信心，心地善良，关心别人，自爱而有尊严，这样的人就是不化妆也让人乐于亲近。脸上的化妆只是女性化妆的最后一件小事。

我常说，气质是女人最强大的气场。一位气质高雅的女性，随便出现在什么场合，都会吸引众人的目光，让人不自觉地用彬彬有礼或者尊敬的态度对待她，用优雅的语言和她交谈，同时又很愿意亲近她，为她效劳。相反，一位没有气质的女性，哪怕她长得再漂亮，只要她行为粗鲁，语言粗鄙，性格恶劣，那她就不可能受人尊敬，不可能拥有强大的气场，令周围的人都受到美好的感染和影响。

气质主要表现在言谈举止上，一举手，一投足，说话的表情，待人接物的分寸，都是气质的外在表现。如果你和一个人初次见面，对方立刻对你产生好的印象，那么这个好感除了你的言谈得体，就是你身上的教养和气质的一种潜移默化。

高雅的兴趣也是气质的一种表现，如爱好文学并有一定表达能力，欣赏音乐且有较好的乐感，喜欢美术并有基本的色彩感等。这样的人很受别人欣赏，与之交往的人也多。

气质还体现在性格上。这体现在社交场合上与人交谈时表现的涵养，要忌怒，忌狂，能忍让，体贴人。温柔并非沉默，更不是逆来顺受，毫无主见。相反，开朗的性格往往透出天真烂漫的气息，更易表现内心感情，而富有感情的人更能引起异性的共鸣。

好莱坞著名女演员凯瑟琳·赫本自20世纪30年代从影，至死仍在拍片，是影龄最长的影星。她一生共获得4次奥斯卡最佳女主角奖，9次提名。赫本一生拍片数十部，她的成功在于在表演艺术上顽强不息的追求，即使年逾古稀，仍奋斗不止。1985年，在76岁高龄时，她又推出一部反映老人问题的喜剧片《格雷丝·奎克利的最后出路》，真正称得上是好莱坞的常青树。我们很容易看出，不断进取正是赫本魅力常在的奥秘。再如，英国王妃戴安娜那种雍容高贵的气质，不仅令国民折服，更是政治上出奇制胜的砝码。

她们的这种气质并非与生俱来，而是经过严格训练和学习得来。

当然，一个有气质的女人，首先是一个精致的女人。因此，从头发的样式、护肤品的选用、服饰搭配到鞋子的颜色，无一不需要你细心地面对。从头到脚的细致，当然是需要花很多时间和心思。亲爱的女士，别小看了细致，也许仅仅因为指甲油的颜色不协调就导致前功尽弃。站在一个男人的立场，我想对所有女士说，一个男人对着女人一张细致的脸说话要比对着一张粗糙的脸说话有耐心得多。尽管男人说出这样的话可能使大多数女人不满，这却是不争的事实。

做一个举止优雅的女人

英国著名演员卡瑟琳·罗伯茨被认为是贵妇人的最佳扮演者，因为她经常在剧中扮演女王、贵妇这一类角色。演出中，卡瑟琳身上那种毫不做作的高贵气质和优雅举止，给观众留下了非常深刻的印象，因此她的演技获得了很高的评价。

有一次，我去伦敦，有幸采访到了这位成功的女演员。我问她如何塑造出那么多尊贵的人物形象，她笑了，我知道，她明白我的意思：这位极为擅长扮演贵妇人的女演员，出生于一个普通的农民家庭。这太神奇了，她究竟是怎么做到的？

"在第一次接到这类角色时，"卡瑟琳说，"说实话，我害怕极了。我只是一个平民，普通人，从来没有进入过上流社会，一个贵妇人，天哪，我要怎么演呢？假如观众认为我只是一个穿上华丽衣服的乡下女人，那我一定会受不了的。哪怕只是一点点，我也希望能演得更逼真一些，于是我开始出入各种高级场合，留心观察那些贵妇人。

　　"一开始，我只找到一些大概的感觉，她们衣着华贵，妆容精致，发音优美，谈吐高雅，眼神和表情都有一种恰到好处的低调和得体。当我试着让自己也这么做时，我对着镜子，却感觉自己仍然只是一个平民。问题出在哪儿呢？我继续观察，渐渐地，我发现真正让她们区别于普通人的魅力，来自各种细微的仪态，在这些贵妇人的举手投足间，处处都能够感觉到高贵的气质和风度。

　　"意识到这一点之后，我开始从头学起，我报了一个礼仪班，请专门的礼仪老师训练我的言行举止，当我能够在吃饭时，走路时，与人交谈时，让自己的每一个动作都显得优美高雅时，我知道我成功了。我终于可以将贵妇人这个角色演得活灵活现了。但是，卡耐基先生，与其说我是在演贵妇，不如说，我只是在演自己。"

　　的确如此。和卡瑟琳谈话的过程，我注意到她的举止，一举一动都是那么优雅得体，这使她看起来气质高贵，很有魅力。我几乎都没有仔细观察她的五官是否美丽，因为，当一个女人展现出来的每一个细微举动都很优美时，这种由内而外散发出来的魅力，会让你觉得容貌产生的魅力是很次要的事。我的意思是，当你面对一个气质动人、举止优雅的女性，不管她的长相是否漂亮，你都会自然地觉得她很美，很有魅力。相反，如果一位漂亮女人，举止粗鲁，完全不注重仪态，那也很难让人产生好感。

　　我记得那是我在新得克萨斯州举办培训班时的事。

当时，有一位女性向我求助，问我如何才能顺利找到一份秘书的工作。我记得很清楚，那天她来找我时，我正坐在办公室里，她连门都忘了敲，就那么闯了进来，吓了我一大跳。没等我开口邀请，她随手拖过来一把椅子，就在我对面坐下了。我看着她粗犷的动作，简直怀疑她是一位野外运动爱好者，否则，以她高挑修长的身材，姣好的容貌，怎么会有反差如此大的举止？

"卡耐基先生，我受过专业的秘书培训，可是我找了很多家公司，为什么没有一家公司愿意雇用我呢？"我注意到，这位女士说话时，一条腿不停地抖动，身体随意倚靠在椅背上，双手显出一幅无处摆放的样子，她的双眼并没有看着我，而且，在说完这句话后，她竟然用手指掏了一下耳朵。

我立刻明白为什么没人肯雇用她了。她的举止，随意而粗鲁，这让她浑身散发出一股不安定的气息，让和她相处或对话的人心生烦躁和厌恶。我决定用一种特别的方式让她意识到自己的问题。于是我把双脚放到了办公桌上，一只脚还晃来晃去，我甚至还做出了惹人厌的挖鼻孔的动作。果然，这位女士立刻表达了她的不满："卡耐基先生，您在做什么呢？您这么有身份的人，怎么可以这样……"

我把脚放下来，恢复了往日的仪态，然后我对她说："假如我以这样的举止去面试，女士，您觉得有人会愿意雇用我吗？"听到我这么说，这位女士陷入了沉思。"您说的对，我居然没有意识到举止会带来这么大的影响。"她最后说，"我明白了，谢谢您，我会去学礼仪，从自己的言行举止开始改变。"

任何一个微不足道的动作，都会对你的气质产生影响。各位女士，在平时，你们有没有留意自己的一举一动，留心修饰自己的每一个动作呢？如果没有，那么，请从现在开始吧。

举个例子，同样是坐着或者站立，有人显得平淡无神，而有人就传递出一种优美的感觉，让人看着舒服。正确的坐姿应是紧缩小腹，放松肌肉，让它在全然轻盈的状态之中呈现出最好的效果。正确的站姿则是：胸部扩张，背脊伸直，下巴收缩，收小腰，双腿内侧用力，脚后跟并拢，膝盖伸直，肩膀自然下垂，无须用力。这样，看上去才会显得优雅。

现在你们明白了，女士们，优雅的举止会让你魅力四射，与其学习浓妆艳抹的方法，追求华贵的衣饰，不如用这些时间和金钱去学一学礼仪。

永远不变的温柔

英国伟大的政治家狄斯累利说过："我一生或许会犯许多错误，但我永远在打算为爱情而结婚。"他在35岁以前真的没有结婚。后来，他向一位有钱的、头发苍

233

白且比他大15岁的寡妇恩玛莉求婚。也许我们都会问：他们之间存在爱情吗？她认为他不爱她，觉得他为她的金钱而娶她！所以她只要求一件事：请他等1年，给她一个机会研究他的品格。1年快到了，她与他结了婚。

这故事听起来有些好笑，也够矛盾的，狄斯累利的婚姻，是所有破坏了的、玷污了的婚姻史中最充溢生气的一个。他选择的有钱寡妇既不年轻，也不美貌，更不聪敏。她说话时常发生文字或历史错误，令人发笑。例如，她永远不知道希腊人和罗马人哪一个在先。她的服装品位十分古怪，她对房屋装饰的欣赏更是奇异，但她是一个天才，一个确实的天才，表现在婚姻中最重要的事情——处置男人的艺术上。

她没有用她的智力与狄斯累利对抗。当他一整个下午与机智的公爵夫人们钩心斗角地谈得精疲力竭后回家，恩玛莉永远对他温柔以待，她与他轻松闲谈，用动听的声音和柔软的语言安抚他的疲累。这个他们共同的家，成为他获得心神安宁，并沐浴于恩玛莉的爱的地方。与他的年长夫人在家所过的时间，是他一生最快乐的时间，她是他的伴侣，他的亲信，他的顾问。每天晚上他从众议院匆匆回来，告诉她日间的新闻，无论他说什么，恩玛莉都认真倾听；无论他从事什么，恩玛莉相信他一定会成功。

30年来，恩玛莉为狄斯累利而生活，她尊重自己的财产，因为那能使他的生活更加安逸。狄斯累利说她是自己的女英雄，在她死后他才成为伯爵；但在他还是一个平民时，他就劝说维多利亚女王擢升恩玛莉为贵族。所以，在1868年，她被封为毕根菲尔特女爵。

30年来，恩玛莉从未厌倦她的丈夫，她谈起他时，面对他时，话语、表情总是无比温柔。结果呢？无论她在公众场所显示出多么的无知，狄斯累利永不批评她，他从未说出一句责备的话。而且，如果有人敢讥笑她，他即刻起来猛烈忠诚地护卫她。"我们已经结婚30年了，"狄斯累利说，"她从来没有使我厌倦过。"

"谢谢他的恩爱，"恩玛莉习以为常地告诉他与她的朋友们，"我的一生简直是一幕很长的快乐。"在他俩之间有一句笑话。"你知道的，"狄斯累利会说，"无论怎样，我不过为了你的钱才同你结婚。"恩玛莉笑着回答说："是的，但如果你再选择一次，你就要为爱情而与我结婚了，是不是？"他承认那是对的。

一个女人最大的武器是什么？美貌？金钱？才华？都不是。女人最大的武器是温柔、体贴、善解人意。美貌会让人爱慕你，被你吸引；金钱可以给你带来优裕的生活享受；才华可以让你被人尊崇，促使你走向成功，但是这些并不能保证你终生的幸福。假如你拥有美貌、金钱和才华，却永远咄咄逼人，永远无法与你爱的人好好相处，那么这样的女人，很难说会获得幸福。

来听听派克斯先生是怎么说的："我确信，一个男人不但可以成为他理想中的人，而且也可以成为他太太所期望的人。好几年来，我曾雇用过许多人，但是在我和他们的太太谈过话以前，我绝不会把一个需要信任或是需要负责任的职位交给他。妻子的人生观，以及她对待她先生的态度，愿意鼓舞她先生士气的程度，可以决定一个男人在事业上的成败。"

派克斯先生是个事业成功的男人，拥有派克斯货运和装备公司。但一开始，他只是个穷光蛋，他说："我太太在嫁给我以前要什么有什么——父母亲有钱，受过良好教育，有个快乐的家。而我当时没有钱，只受过很少教育，没有什么资产——除了想要自己闯天下的欲望以及她对我的信任，我什么东西都没有。

"在我们婚后最初那几年的困苦日子里，当我面对失败与挫折的时候，她从来没有表示失望，也从不对我横加指责。甚至，当我偶尔因为心情不好对她没有好脸色时，她也从未离我而去，而是在一旁温柔守候，她温柔却坚定地肯定我，激励我，鼓舞着我继续努力。在我的生命中，如果有了什么成功，都是由于我太太不断给我支持。过去几年来，她患了重病，但是她从来没有失去她的温柔和微笑。早晨我离家的时候，她从不会忘了和我说一句：'愿你有愉快的一天！'当我回家的时候，她会很愿意听我讲讲这一天的情形。假如我懒得说话，她就会和我谈一谈当天的有趣见闻，都是些小事，但她会微笑地看着我，语调轻柔，毫不刺耳，我即使心情不好，也会很愿意倾听。天哪，这么多年，我对她的爱有增无减，即使看着她慢慢变老了，脸上有皱纹了，我依然那么爱她，爱她对我展露的微笑，爱她和我说话的声音，爱她永远不变的温柔，我祈祷着我将永远不会令她失望。"

学习是一种生存方式

我一直都认为，学习如同呼吸一样，是一种终身的活动，它意味着生命的存在。在不断地学习中，你会发现学习的乐趣。例如，一本好书就如一位知心好友。它像与生俱来的一道灵光，照亮你的天空；像一把开启心扉的钥匙，牵引你走进感知和灵魂的最深处；它使你的身上澎湃着智慧的波涛，让睿智的目光中总有一种撼人心魄的力量。

什么东西都可以今天拥有，明天失去，唯有从好书里引发的思考，可以永久存留你的脑海中。它不会对你进行大言欺世的概念轰炸和术语倾销。这些思考，有的可能引起争辩，有的又使人感到妥帖；有的可能兴起思潮，有的又可能平静如水。将嬉笑怒骂尽收眼底，实在是人生的一大享受。

学习知识，对于我们来说，是一种粮食。这种粮食一旦枯竭，人生将全盘皆输。我们没有必备的知识，只会被从一条歧途带到另一条歧途。知识，是人开展工作和安排生活的基本条件。没有相应的知识，工作不会成功，生活不会美满。知识就是力量，知识就是生产力。人在世上谋生需要知识，发展自己的事业需要知识。由此可见，爱上学习，终身受益。同样，爱上学习，才能终身学习。

我想对女士们说，每个人的一生都是一个持续发展的过程。人的生存是一个无止境的完善过程和学习过程。毫无疑问，一个女人也必须从环境中不断学习那些自然和本能没有赋予她的生存技术。无论是求生存还是求发展，你必须终身学习。正是从这个意义上讲，学习的过程，实际上也是社会成员不断发展、不断完善的自我实现的过程。

同时，女士们通过学习可以发现自己人生的意义。在不断学习的历练过程中，她们可以知道自己的长处和短处，并且善用自己的长处，解读自己的人生密码，规划自己人生发展的蓝图。

另外，学习可以积累属于自己的智能资本，也就是一个女人一生生存和发展的资本。每个人都具有不可限量的潜力，但只有通过学习，才能把潜力转换为能力，把理念转化为能量。因此，学习将协助女性朋友们打破自我的界限。

我需要告诫致力于学习的女性朋友们牢记这七大要义。

（1）学习是一种生存方式。

（2）学习是一种主体的转移，从课堂、教师、教材中心向学生中心转移。

（3）基于学习者的自主性，尊重学习者特有的学习方式及学习意愿。

（4）学习是一个贯穿一生的过程。

（5）学习是一个全面的过程。

（6）学习无所不在。

（7）学习的目的在于建立自信和提升能力，适应社会发展与变化。

和书籍做闺密

各位女士，我知道在日常生活中，你们通常都喜欢与闺密密切相处，你们会成群结队去教堂，会相约去逛街，会在家中举办茶会，当你有什么心事时，也喜欢找闺密倾诉，你们一起交流梦想，交流各自对丈夫、家庭、孩子的看法和心得，你们彼此鼓励、彼此支持，一起度过眼下的难关，畅想未来……如果没有闺密，女士们的生活该少了多少乐趣，这一点我十分了解。

我的妻子就是如此。对她来说，和丈夫、孩子相处的时光当然很重要，但当她与闺密们在一起时，我能明显感觉到不同，那是只属于她自己的私人时光，是远离爱情和家庭的责任、义务之后，最轻松的时光。所以，我非常乐意看到她与她的闺密们出门，去做一件我不知道的事情，没错，她们喜欢保持神秘，有时，她故作神秘地不肯告诉我，我不知道她们几个女人要出门去做什么，但从她回来时神采奕奕的面容和灿烂的笑容里，我想我得到了答案：那一定是一件快乐的事情，是一个只能和闺密分享的、只属于女人的小秘密。

如果说丈夫、孩子和事业，会让女人感到幸福和完整，实现自我的价值，获取成就感。那么，闺密的存在，就是女人生活和心理上很重要的快乐和满足的来源。我很愿意建议女士们找到几个知己闺密，和她们好好相处。但今天，我想再提出另一个建议，那就是：和书籍做闺密。

我想再一次以我的妻子为例，说明这个建议的合理性和重要性。除了与我、孩子们度过温暖的家庭时光，与几位闺密度过快乐的"女性时光"，她还很善于独处。每一天，她都会为自己留出一点时间，独自在书房里待一会儿，与书籍做伴。尤其是当她生气或者烦恼的时候，比起找闺密倾诉，她更愿意去书房，静静地坐一会儿，然后看几页书，她知道，这样会让她的怒火平息下来，会让她的烦恼逐渐消失。

独处的时光，阅读的时光，很明显让我的妻子变得更加从容，性情更加平和，甚至让她的面容变得更加美丽。为什么会有这样的效果呢？我想是因为对一个女人来讲，比起外表的打理，心灵的滋润更加重要。当一位女士沉浸在阅读的世界里时，我认为这是她在为自己的心灵寻找养料。与书籍做闺密，可以陶冶性情，增长知识和智慧，让一个女人的情感更细腻，举止更优雅，气质更知性，更有素养，更具品位。

第八章
一个女人的自我修养

一个不喜欢看书的女人，我不相信她能充满智慧。没有智慧意味着什么呢，女士？意味着你不懂得自省，不懂得如何迎接生活的痛苦或快乐，不明白如何获得精神和思想上的丰富。要知道，女士，你心灵中的一切，都会在你的外表上有所表现，你是一个怎样的女人，你给人带来什么印象，这一切都取决于你的素养，你的气质，你的所思所想，你心灵的丰富程度。

我以前认识过一位女性，我不知道她现在生活得如何，几年前，她曾经来找过我，寻求我的帮助。她是一位漂亮的中年女人，打扮得很美，却稍稍有些俗艳，说实话，我当时见到她时，就觉得那身华丽的衣裳和她的气质并不相配。后来，当她向我倾诉她的苦恼时，我终于明白了她的着装和品位为什么不那么上等了。

她的丈夫是一家大公司的经理，他不仅事业有成，而且兴趣高雅，文化品位也很好，他喜欢高尔夫和桌球运动，爱好音乐、美术和文学。而她却没有受过高等教育，结婚后一直忙着生孩子、养孩子，完全没有时间和精力去培养任何一个爱好，况且，她告诉我，她也实在不喜欢看书、听音乐，或者去看一本画册，她没兴趣，根本看不进去。她其实更喜欢打桥牌，喜欢看爱情电影，喜欢逛街。

"怎么办呢？我觉得我和丈夫越来越没有共同话题，我觉得他已经厌烦我了。"她满脸愁容地说，"为了吸引他的注意力，我把自己打扮得越来越漂亮，可是他和我相处的时间越来越少了。"

我不忍心指责她所谓的"漂亮",没有品位和气质相配,仅仅只是俗气的华丽而已。我告诉她,对女人来说,内在的修养、知识、智慧,才能够真正为她的美丽加分。假如她愿意试着沉下心来,好好看完一本书,从书本中汲取心灵的养分,慢慢地,她一定能够有所改变。

她或许并没有按照我说的去做,或许去做了,无论如何,我只想告诉你们,获得美丽,为美丽加分的选项有很多种,但阅读是其中最不昂贵、无须求助他人的一种。想要获得发自内心的淡定、从容,想要得到由内而外的修养和品位,想要让自己优雅、美丽,想生活得幸福美好,那就需要学会和自己相处,和书籍相处,当然,你也可以培养一些其他美好、有底蕴、陶冶心灵的爱好。总之,女人要从心灵着手,才能获取最完美的美丽。

动听的声音让你更受欢迎

一个人讲话时的声音是否优美动人,跟他受欢迎的程度及社交上的成功密切相关。事实上,没有任何一样东西可以像甜美而有韵律的声音一样,如此真实地反映出一个人良好的教养和高雅的品性。

"如果把我跟一大群人关在一间黑暗的屋子里，"托马斯·希金森说，"我可以根据人们的声音分辨出其中的温文尔雅者。"

据说在古埃及的早期历史中，只有那些写在书面上的辩护词才允许在法庭出示，之所以如此，目的就是要防止坐在长椅上的法官因为听到滔滔不绝、蛊惑人心的声音而受到影响或被蒙蔽，从而失去其应有的公正。在宣告判决时，主持审判的大法官作为真理女神的化身，只能用相当少的语言来宣判。

当想到人类的声音所能产生的巨大而神奇的力量时，再回过头来看看，现实生活中我们的孩子们并没有接受任何良好的有关声音的训练，这难道不是一种耻辱甚至是一种犯罪吗？当我们看到一个个童稚活泼的、朝气蓬勃的孩子一边接受着最优秀的教育，一边却发着毫无变化、平板呆滞、暗哑嘈杂的声音时，我们难道不感到痛心和遗憾吗？毫无疑问，那些扭曲的、只是从喉际发出来的干涩声音将极大地影响他们未来的事业和职业前途。想一想看，如果是女孩子，这是一种多大的障碍啊！她们原本应该是有着如露水般未沾一点尘泥、如春风般飘扬无羁、如清泉般畅流激奔的声音的！

然而我们在美国，随处可以发现那些从大学或学院毕业的男女青年们，他们在这样一些重要的教育机构里学习着呆板的死气沉沉的语言，学习着数学、自然科学、艺术和文学，而唯独没有学习如何发出优美动听的声音，他们的声音往往是那样刺耳嘈杂。

相反，当人类的声音经过适当的训练，并得到适当的调控之后，会变得相当富有感染力，特别动听迷人！当我们听到一个声音清晰地从喉咙中发出，每一个字都是如此地清澈、简洁、富有韵律，就像从一把圣洁的乐器上发出来的最动听的音符一样，难道我们不感到那是一种真正的愉悦与享受吗？

我认识一位女士，她的声音非常清脆圆润、谐和雅丽，所以，不管她到任何地方，只要她一开口说话，所有的人便都洗耳恭听，因为他们无法抗拒如此富于魅力的声音。那种真纯、爽朗、充满生命活力的声音就像从干裂的地面喷出的一股清泉，就像从静寂的山谷里涌出的一股急流，在每个人的心头涓涓而流，恰似生命中最美的音乐。事实上，这位女士的相貌相当普通，甚至可以说是有些丑陋，然而她的声音却是那样圣洁甜美；声音所带来的魅力是不可阻挡的，并且也从某个层面象征着她高雅的素养和迷人的个性。

我在社交场合中不止一次地听到那种尖声尖气或是粗声大气的女人声音，有时我甚至感到自己的神经受到了很大的压迫，情绪也会无端变得烦躁，因而我不得不一次又一次地从她们的身边逃离。

纯洁、和谐、生气勃勃的声音象征着内在的修养和雅致，每一个音节、每一个字符、每一个句子都得到了如此清晰圆润的表达，它们是那样的抑扬顿挫、那样的高低有致，就像一串在春风中抖动的银铃，有着多么神奇美妙的节奏啊！而且，对绝大多数人来说，只要你愿意，你就可以拥有上帝馈赠给人类的这一份神奇的礼物。